翻轉學

翻轉學

ANTI-INVOLUTION

內捲效應

為什麼追求進步，

反而讓個人窮忙、企業惡性競爭、政府內耗？

王為——著

目錄

作者的話　放大時代焦慮的熱門關鍵字　5
前言　擠在同一條跑道、瘋狂競爭的「內捲效應」　7

第1章　「反內捲」，社會需要「吹哨人」

01　我們就像滾輪上的小白鼠　12
02　長期停留在重複輪迴的狀態　29

第2章　剖析內捲，才有機會突破困境

03　一種來自欲望過度、追求「務虛」的偽感覺　38
04　同質化、同思化、同哲化，導致創新受限　62
05　格局短淺、使命偽化，向現實妥協　77
06　人們深陷「內捲」困境的三大因素　87

第3章 「反內捲」六大方法，掌握先機

07 量身打造使命：遵循自己內心的意願 98
08 價值前瞻：創新要超越產業，超乎想像 112
09 全面變革：不能只改部分，必須有配套機制 128
10 底層重構：由下到上改造經營邏輯 146
11 借助外部思維：從客觀角度打破內部執念 173
12 手段新穎：避免換湯不換藥，必須耳目一新 191

第4章 從小我到大我，從競爭到賽局

13 競爭只會「內捲」，賽局才能雙贏 214
14 從小我到大我：夾縫生存，實現逆襲 221
15 從競爭到賽局：有效避開競爭，默默崛起 227

作者的話
放大時代焦慮的熱門關鍵字

二〇二〇年，人們都被焦慮包圍，隨著「內捲」（Involution）一詞出現，焦慮更被無限放大。

「內捲」如何成為網路熱門關鍵字，又為我們的生活和工作帶來哪些負面影響？「內捲」受到熱烈討論，最初源於網路上的幾張圖片。

二〇二〇年下半年，中國清華大學學堂路上，有個學生邊騎車邊看電腦。這一幕被人拍照後在網路上瘋傳，「清華捲王」就此誕生。大家本來不焦慮，一旦有人開始拚命學習，其他人如果不努力便無法撫慰心中的焦慮。我就從大家比較關心的國考和職場競爭的角度進行闡述，可以更清楚看到「內捲」的真實模樣。

先來說國考中的「內捲」。

中國國考的錄取率不足二%，這意味著一百個人裡能考上公務員的不到兩個人，而且有的熱門職缺要「千里挑一」甚至「幾千里挑一」。曾有一位網友感歎道：「每個考場三十個人，我報考的職缺錄取率是一千一百比一，整棟樓一共有三十七個考場。這意味著，我今天步入了一個目標是打敗整棟樓的戰場。」這個比喻形象又不誇張，這就是國考「內捲」擺在所有人眼前的事實。

再來聊聊職場競爭中的「內捲」。

「讓你加班的不是你的老闆，而是其他願意加班的人。」這是中國經濟學家薛兆豐的名言，雖然殘酷卻無比真實。過度競爭、相互打壓的戲碼，每天都在職場中重複上演，每個身在其中的人都主動或被動地被推上這個「舞台」，逃不可逃，避無可避。

「內捲」變成了一種典型的現代病，我們面臨的已經是「萬物皆可內捲」的時代。不僅在被疫情陰霾籠罩的二〇二〇年，在此後的許多年，「內捲」都將與我們同在。

前言
擠在同一條跑道、瘋狂競爭的「內捲效應」

「內捲」，最初是由美國人類學家亞歷山大．戈登威澤（Alexander Goldenweiser）提出的一種文化概念：「當一種文化模式進入最終的固定狀態時，便逐漸局限於自身內部，不斷進行複雜化的轉變，從而再也無法轉化為新的文化形態。」這種停滯的狀態，就是所謂的「內捲」。

如今，陷入「內捲」旋渦的只是文化嗎？當然不是，在我看來，我們的生活、工作，乃至企業的經營、發展，都已經受到不同程度的「內捲」影響，甚至很多人已經深陷其中，無法自拔。

回想一下，在我們的生活和工作中，或在企業的經營中，是否經常出現明明做出正確選擇，最終結果卻不盡如人意的情況？身為企業主，你準確洞察出市場發展趨勢，合理預測未來會成為消費趨勢的產品類型，甚至已經開發出相應的產品並上市，結果卻不如預期。

為什麼會出現這種情況？其實，很大程度上是因為人們的思維模式受到時代發展和個人經驗的限制，只能按照常規思路思考問題。因為你能想到的，其他人也能想到，所以很多人常常在同一條跑道上瘋狂競爭，鮮少人注意到跑道之外的領域，這就是企業經營中非常普遍的「內捲」現象。

從這個角度來說，「內捲」的危害極大。因為即便是熱門的行業，也會飽和，所以當大量企業和人才桎梏其中，競爭再激烈也不過是無謂的內耗，除了很難為行業帶來更長遠的發展，還會讓企業和人才陷入無止境的內部消耗，失去進步的空間。

「內捲」不僅存在於企業經營、發展的過程，在日常生活中，「內捲」的身影同樣無處不在。比如，多數人會按照自己認同的方式規劃未來，殊不知因為思維模式受到公眾認知的影響，所以選擇的也是大眾認可的方向。

總而言之，**「內捲」是盲目的競爭，是無謂的內耗，把人的思維囚禁在慣性的牢籠中，將企業的發展局限在既定的軌道上，阻礙了社會的進步**。

無論是個人，還是企業，想找到更高效的發展路徑，必須要打破「內捲」對自身思維的限制。中國第二大製酒企業「酣客」能成為中國為數不多打破「內捲」的企業之一，出色的產品品質和業務能力當然只是基礎，更重要的是定位精準。「酣客」既是醬酒產業的傳承者，也是徹頭徹尾的「攪局者」，無論是用網路思維來重新經營白酒企業，還是用社群方式來經營傳統公司，其實都是為了打破「內捲」，走出一條前人未探尋的新道路。

在這條「反內捲」的道路上取得了一些成果後，身為「酣客」的創始人，我非常願意分享我們成功的經驗。

本書共有四章：

第一章，主要闡述「內捲」的前因後果，以及在社會生活中的一些具體表現。

第二章，直指「內捲」的本質，闡述發生「內捲」的各種原因：欲望過度、追求務虛、同質化、同思化、同哲化，格局短淺化、使命偽化。

第三章，是本書的重點，主要提出了「反內捲」的六大方法——量身打造使命、價值前瞻、全面變革、底層重構、借助外部思維、手段新穎，結合中國第二大製酒企業酣客多年發展的經驗和教訓，也穿插了其他產業、企業「反內捲」的先進做法。

第四章，說明了「反內捲」的要義：從小我到大我，從競爭到賽局。

「內捲」是一種滲透在各行業裡的「無聲悲哀」，也是我們不得不面對的現實，但越是如此，我們越要鼓起勇氣，努力走出困境。

第 1 章

「反內捲」，社會需要「吹哨人」

每到年末，英國《牛津詞典》（*Oxford Dictionaries*）都會選出一個年度熱門關鍵字。2020 年比較特殊，熱門關鍵字太多，最終《牛津詞典》破例選出了十個詞，包括山林野火（bushfires）、2019 年新冠病毒（Covid-19）、在家工作（WFH）、封城（lockdown）等。

如果讓我來選 2020 年度熱門關鍵字，我會選「內捲」。我們早已被「內捲」主動或被動地裹挾其中，卻渾然不覺，且讓這本書來做一個「吹哨人」吧！

01 我們就像滾輪上的小白鼠

不知道大家看到「捲」這個字，會不會聯想到實驗室裡，在滾輪上跑不停的小白鼠？難道牠們不知道累嗎？當然不是。當體力即將耗盡時，牠們也想停下來，但只要滾輪上還有一個夥伴在跑，那麼滾輪就不會停下來，所有小白鼠都只能繼續跑。很多時候，我們和滾輪上的小白鼠非常相似。

婚戀市場中的「內捲現象」

很多人都說，華人父母是全世界最操心的父母，在孩子小的時候整天為孩子的學業、成績奔波和焦慮。等到孩子長大了，大學畢業工作了，又開始操心孩子的婚姻大事：

「別只顧著工作，趕緊找個伴結婚啊！」

「你也老大不小了，找個差不多的人就行了，要不然小心嫁不出去。」

「少年夫妻老來伴，不能因為一點小事就吵著要離婚！」

相信很多未婚、已婚的年輕人對這些「關心」都不陌生，在這些細碎的嘮叨裡，隱藏的都是父母的焦慮。

可是很多父母不知道的是，孩子沒對象不一定是他們不想找，孩子想離婚也不是意氣用事，其中的原因很複雜，而比較明顯的一點就與「內捲」息息相關。

為了找優質對象，造成供需失衡

除了少數「不婚族」，絕大多數年輕人對戀愛和婚姻都充滿憧憬和期盼，有誰不嚮往甜蜜和幸福的戀愛和婚姻呢？可是實際上，找對象並沒有想像中的那麼簡單，這與婚戀市場的「內捲」有關。

二〇二〇年，網路上出現很多新詞，「九八五相親局」就是其中一個。什麼是「九八五相親局」？從字面上就很好理解：為九八五院校*畢業生舉辦的相親。深入了解一下就不難發現，這類「相親局」表面上是在看學歷，實際上看的還是個人條件：有沒有中國一線城市的戶口、有沒有車、有沒有房……，這些條件都符合之後，才會考慮脾氣是否相投，性格能否磨合。

對於這種現象，社會上存在不同的觀點和看法，有人認為這種相親方式更直接、更高效；也有人對此很不屑，甚至諷刺說這種功利化的價值觀正在「殺死年輕人的愛情」；也有人認為，這就是「內捲」在婚戀市場上最直接的現象，反映的是現代年輕人對婚戀問題的焦慮。我非常同意最後一種觀點，這個現象只是婚戀市場「內捲」的一個縮影。

通俗地說，**婚戀市場的「內捲」指的就是，單身男女爭搶有限的優質對象**。奈何「僧多粥少」，這就導致婚戀市場上出現了普遍焦慮、供需失衡的情況。中國民政局的相關資料顯示，二〇二〇年中國單身男女的人數已經超過二．四億，可想而知被逼婚的人有多大的壓力。資料還顯示，從性別結構來看，在二十到二十五歲的年齡層，男性比女性多出四千萬。也就是說，中國每五位適婚年齡的男性就有一位娶不到太太。

我曾看過一份調查報告，詳述當今婚戀市場「內捲」對單身男女婚戀觀的影響。市調顯示，婚戀市場中，漂亮女性和高收入男性是最搶手的好對象。從這一點上就可以看出，男人找對象更在乎長相，女人則更看重經濟基礎，這都無可厚非。不過，這正是導致婚戀市場「內捲」越來越嚴重的條件。

為什麼這麼說？因為把漂亮的女性和高收入的男性放到單身族群中，他們只是其中極少數的存在。美女人數有限，有錢的男士人數更有限，可是多數人又都不願意降低標準，難怪單身人口那麼多了。

那麼，在婚戀市場「內捲」的情況下，這些單身男女為了早日脫單都做了什麼？市調報告顯示，註冊交友軟體、參加聯誼活動是最多人選擇的交友途徑。調查對象中超過八成的人註冊過交友軟體，超過四成的人參加過各類聯誼活動。

＊「九八五院校」，是專指中國為建設世界一流和高水準研究而設立的大學。於一九九八年五月提出，因此也稱為「九八五工程」。

儘管單身青年都努力在「脫單」，也有不少人覺得自己設定擇偶條件會在遇到真愛時打折扣，每年在持續上升的單身人口卻告訴我們：雖然已經夠努力，但不一定能找到好對象。

用聘禮衡量一個人的愛

即使脫單成功，也只是「萬里長征剛走完了第一步」，接下來要面對的事情還很多，其中最讓男人頭疼的問題就是聘禮。男人結婚的成本越來越高，已經成為「內捲」中比較常見的現象，現在的男人有時要付出「天價」聘禮才可能結婚。一說到這，相信很多因為聘禮而傷腦筋的人都會感觸頗深。

其實，在結婚時，男方給予女方聘禮這件事本身沒問題，是很多地方的傳統習俗。但現實社會中，動輒人民幣十幾萬元、幾十萬元，甚至上百萬元的聘禮，讓很多人面臨婚姻大事時望而卻步。相信大家在網路上經常會看到「聘禮沒談攏，婚事告吹」、「沒有數千萬，新娘不下婚車」、「因聘禮問題，雙方父母大打出手」等新聞。

原本從戀愛到結婚是一件讓人感到幸福的人生大事，很多時候卻因聘禮問題蒙上陰影，甚至讓婚禮變成一場「鬧劇」，導致這些現象發生的原因有很多。

首先，很多女人開始用聘禮衡量自己的身價及對方對自己的愛。聘禮越高，代表自己的身價越高，男人也更愛自己。實際上，愛情本身跟聘禮沒有關係，很多時候你要的「愛」可能會讓男人狼狽不堪。經濟條件好的男人面對這種情況，雖然會答應你的條件，但在他心裡，你們的「愛情」多少已經變調；對於經濟條件不好的男人來說，可能會為了湊足聘禮而債台高築。

其次，嚴重的攀比心理也是讓聘禮不斷攀升的一個重要原因。閨密結婚要了人民幣十萬元的聘禮，我就得要人民幣二十萬元；同事結婚要了人民幣二十萬元的聘禮，我就得要人民幣三十萬元……

原本兩人感情很好，三觀合，性格也合，即將步入婚姻殿堂，結果被「天價聘禮」阻攔了，這是一件多麼讓人唏噓和悲哀的事。如果真的是因為某些原因找不到對象也就罷了，好不容易找到情投意合的人，最終卻被這樣拆散了，還有比這更痛的「痛點」嗎？現代社會，不斷飆漲的聘禮讓婚戀市場「內捲」越來越嚴重。

寧可累死自己，也要餓死同行

「商場就是戰場」、「無所不用其極」這兩句話是商業競爭的真實寫照。實際上，這種企業間的競爭也是一種「內捲」現象。商業的「內捲」主要表現在內、外兩個方面。

從企業外部來看「內捲」

企業外部「內捲」的現象非常直觀，通常指企業間的競爭，主要有以下兩種方式：

投入大筆資金的燒錢大戰

二〇一四年、二〇一五年，中國南方的大城市中，生鮮電商品牌「小農女」非常知名。起初，「小農女」主要為城市白領和社區居民提供配送淨菜服務*，後來發現市場商機，很快從2C†轉向了2B‡，把服務對象從個人轉向餐館，開始經營城市生鮮電商供應鏈服務。

依賴騰訊電商基因的打造，加上微信生態圈的哺育，「小農女」快速成長。到了二〇一五年，鼎盛時期員工已經超過四百人，其中有四分之一是軟體開發人員，在中國南方商業界小有名氣。

然而好景不長，就在「小農女」爆發式成長的二〇一五年，一個強大的對手「美菜網」橫空出世。創建之初，「美菜網」就拿到了大筆投資金，「燒錢大戰」一觸即發。

雖然競爭比較激烈，但搶先一步的「小農女」憑藉精準的定位、優質的服務及不錯的口碑，還能夠承受「美菜網」的「轟炸」。到了二〇一六年，「美菜網」取得幾筆大額融資，「燒錢大戰」越演越烈。「小農女」很快被推向崩潰邊緣，最慘的時候，現金流只夠支撐一個月，最後被迫轉型。

---

* 淨菜也稱新鮮消毒蔬菜，將剛收成的蔬菜經過加工處理，例如：去掉不可食用的部分、切分、洗滌、消毒等，然後在無菌環境中，真空包裝。

† 2C是「to consumers」（對消費者）。

‡ 2B是「to businesses」（對企業）的生意。

慶幸的是，轉型後的「小農女」發展得不錯，成立了觀麥科技，在另一個領域打出了一片天地。我要強調的是，電商企業大多數都走過「燒錢」這條路，從早期的「千團大戰」*到後來的共享單車大戰，再到社區團購混戰，都離不開「燒錢」的競爭手段。

為什麼要「燒錢」？不外乎兩個原因：

1. 為了教育市場，擴大市場基數，共享單車的「燒錢」就屬於這一種；
2. 要把競爭對手「燒死」，競爭對手死了，市場自然就都是自己的了，前文提到的「小農女」和「美菜網」的競爭就屬於這一種。

削價競爭，搶攻市場

從某種層面上來說，削價競爭也是一種「燒錢」手段，但不同於網路領域直接往市場裡砸錢，而是以低於成本價的銷售方法搶占市場，最典型的案例，就是彩色電視大戰。

中國的削價競爭是從彩色電視製造業開始的，由四川長虹發起。從一九八九年到二〇〇四年，長虹先後發起了四次「價格血戰」。當時，長虹甚至公開向媒體說：「軟的怕硬的，硬的怕橫的，橫的怕不要命的。」

削價競爭發起之後，各大彩色電視廠商紛紛效仿，你降人民幣三百元，我就敢降人民幣五百元，你降人民幣八百元，我就敢降人民幣一千元，你降人民幣一千五百元，我就敢低於成本價跟你拚到底……這種情況之下，很多中小型彩色電視廠商根本經不起折騰，要麼債台高築，要麼倒閉破產，即使是與長虹同樣規模的廠商，日子也不好過。

在削價競爭的過程中，最大的受益者是誰？無疑是消費者。可是這種受益只是短期的，從長遠的角度來看，如果商家無法獲得合理利潤，整個產業的進步就會停滯。當產業沒有更新能力，消費者自然很難得到更好的產品。

最終，削價競爭的硝煙會散去，那麼剩下那些沒被拖垮的企業就成為最後贏家了嗎？很遺憾，並不是。雖然長虹借助「價格血戰」奠定中國彩色電視製造業「龍頭老大」的地

＊自二〇一〇年初，中國第一家團購網上線以來，到二〇一一年八月，中國團購網的數量已經超過五千家。

位，但同樣也是因為「價格血戰」，長虹最終不僅被裹挾其中無法自拔，而且幾乎把整個彩色電視製造業都帶入「覆滅之路」。

首先，連續降價讓銷量下降，大家都在等更便宜的價格，導致大規模滯銷狀況；其次，經過一輪又一輪的削價競爭，消費者已經給彩色電視貼上了「便宜」的標籤，這個標籤一旦貼上就很難再撕掉。因為消費者不會考慮商家的成本問題，他們在乎的只是價格。因此，削價競爭的結果就是整個傳統彩色電視製造業陷入低迷，從此一蹶不振。

這一切都是「內捲」造成的。為什麼這麼說？因為彩色電視廠商把主要的時間和精力都放在打削價競爭，所以在技術創新和產品研發上面投入的精力就相對少很多，產品無法更新，現有產品只能比誰更便宜。**如果能在技術或者產品本身領先於同行，根本就不需要打削價競爭**。

舉個簡單的例子，iPhone 推陳出新的速度相信大家都有目共睹，平均一年至少一次，有時候頻率更高。每當新機型推出後，老機型就會降價，而且降價幅度一般都很大。這時，消費者就能等到推出新產品後，獲得更多的實惠，比如 iPhone 12 上市，那麼 iPhone 11 必然會降價，消費者就能購買降價後的 iPhone 11。由於 iPhone 的運算速度快，所以即便iPhone 11是舊款，但在功能及款式上也絲毫不落伍。因此，像蘋果這樣的企業就不會因為「內捲」而陷入發展困境。

反觀彩色電視製造業，現在這個行業處於一線品牌的大多數是跨界來的「外行」，其中有原本做投影機的，有原本做液晶螢幕的，傳統的老品牌已經所剩無幾。

其實關於削價競爭，曾經有一個很正向的案例。

跟彩色電視製造業一樣，中國的空調業也曾陷入一場價格混戰，當時大多數一、二、三線空調品牌都在降價，掀起了一股銷售熱潮。在這股降價大潮中，有一個品牌卻特立獨行，堅持不降價，它就是格力。當時董事長董明珠規定：格力空調一分錢也不能降。

最後的結果大家都看到了，正是源於堅持不降價的策略，才逐漸樹立了格力空調在行業內高端、優質的形象，進而為實現其市場霸主地位奠定了基礎。而格力之所以不降價，底氣來自對技術和產品的信心，因此才免於步入跟彩色電視製造業一樣的「內捲」陷阱。

從企業內部來看「內捲」

企業內部的「內捲」主要表現在企業發展過程中的一些問題。

造成內耗的穀倉效應

當企業發展到一定階段，總是不可避免會出現一些「大公司病」。我在這裡說的「大公司病」，並不是只有大企業才會出現，很多中小企業也很難避免。而這種「大公司病」帶來的後果就是產生內耗，產生內耗的真正原因就是企業內部出現了「內捲」。

比如，很多企業存在「穀倉效應」，出問題後，各部門開始互相推諉，拖到最後小問題很可能就演變成大問題；有的企業只關注員工短期業績，不注意員工能力的發展，管理者和員工之間的關係是典型的「績效導向」——你幫我賺更多錢，我就給你發更多錢，你不幫我賺錢，對不起，你可以走人了；有些企業「馬屁文化」盛行，員工對管理層歌功頌德，管理層對老闆歌功頌德，雖然看起來上下一片祥和，但企業管理的很多方面已經出問題；對於有些企業，所謂的企業核心價值觀只是掛在牆上的一句口號，關鍵時刻拿出來喊幾遍，實際工作卻與此毫不相干……

當這些因「內捲」而出現的內耗現象紛紛湧現，企業的發展就會嚴重受阻，走上慢車道，甚至會停滯不前。前文我提到的這些「內捲」情況還不是最嚴重的，起碼經過調整修正是可以得到緩解和根治的。有時，企業內部的「內捲」會引進激烈的內鬥，在這種情況下，很可能產生無法挽回的嚴重後果。

在一家公司裡，工程部和設計部整天鉤心鬥角，不是互相甩鍋，就是在老闆面前互相告狀。比如，設計部明知道工程部員工的技術水準一般，還經常故意把圖紙的關鍵地方標示得很模糊，導致工程項目品質出問題。設計部不僅不承認自己的問題，還借機攻擊工程部。工程部的員工心懷不滿，同樣也會在技術部的圖紙出現紕漏時故意不指出來，仍然按圖施工，最後出現事故，他們便可以攻擊設計部的圖紙有問題。就這樣，兩個部門不斷互相傷害，結果導致公司狀況頻出，發展陷入困境。

跟企業外部的競爭一樣，有時企業的內鬥也會無所不用其極。「內捲」只會讓企業產生越來越大的內耗，外部環境本就惡劣，如果這時候還只顧著內鬥，那麼對線下的傳統企業來說，很可能會遭受滅頂之災。

看見危機，卻視而不見

很多企業發展過程中，在產品的品質或行銷方式上或多或少會出現一些問題。如果這時候這些問題被別人指出來，企業要如何應對呢？正常來說，企業應該反求諸己，找出問題所在，積極解決問題，進而挽回企業和品牌形象。如果只是一味想從源頭把危機掩蓋掉，這無異於掩耳盜鈴，不僅不利於化解危機，還可能讓企業遭受更大損失。

用高速發展掩蓋一切問題

很多企業將下面這句話奉為經典：「企業的發展是靠一個又一個勝仗堆積出來的。」如果你一直在打勝仗，就會出現以下情況：

1. 市場和投資人對你很有信心

2. 競爭對手會怕你
3. 內部員工會覺得企業有希望

這就是打勝仗對企業的意義。打勝仗當然是好事，但如果在這個過程中過於激進地發展，就會讓企業在出現問題時不能理性對待，不是逃避就是掩蓋，這樣做就很有可能造成非常嚴重，甚至無法挽回的結果。

二〇二一年二月初，瑞幸咖啡申請了破產保護，而十個月前瑞幸咖啡自曝財務造假。從二〇一七年十月創建，到二〇一九年五月上市，瑞幸咖啡的發展一路高歌猛進，勢不可擋。到二〇一九年年底，瑞幸咖啡門市數量已經超過四千五百家，一舉成為國內最大的咖啡連鎖品牌。

然而，瑞幸咖啡「要在二〇二五年之前於全球開一萬家門市」的豪言壯志剛剛立下，醜聞就爆發了。接下來，股價大跌、關分店、內鬥、挖角、破產重整，曾經的輝煌都化為了塵埃。

為什麼瑞幸咖啡財務造假的問題，在很長一段時間內沒被發現？正是因為它用高歌猛進式的發展掩蓋了內部的所有問題。

瑞幸咖啡是一家靠資本運作發展起來的公司，對於資本市場和投資人來說，他們更看重企業的財務報表，你的團隊出了什麼問題，你的財務有什麼狀況，這些都不是他們真正關心的，只要你能把財務報表做得很好看就可以了。但財務報表只是冷冰冰的資料，根本無法直觀看出企業存在的問題，這也給造假作弊留下了空殼。

其實，瑞幸咖啡暴露出來的問題就是典型的「內捲」。**企業會「內捲」的很重要的一個原因，就是把解決問題的著眼點放在現象上，所謂頭痛醫頭，腳痛醫腳，卻從來不考慮出現問題的深層原因，也不從根源解決問題**。如果是財務出問題，企業應該做的是透過完善經營制度、進行產品創新更新來解決問題，而不是用造假來掩蓋問題。

其實很多企業在發展的過程中，都遭遇過跟瑞幸咖啡一樣的困局：企業的管理或組織已經無法追上業務發展的腳步。如果企業打勝仗的腳步開始放緩，或者停下來，之前隱藏的地雷就會一個接一個爆發。這時企業要做的應該是修煉內功，從內部實打實地解決問題。

02 長期停留在重複輪迴的狀態

「內捲」雖然是二〇二〇年才逐漸被大家關注的詞，但很早以前就已經出現了。關於「內捲」的定義，學術界一直未有定論。那麼「內捲」的定義是什麼呢？

《百度百科》是這樣說的：

內捲，是指人類社會在一個發展階段達到某種確定形式後，停滯不前或無法轉化為另一種高級模式的現象。

這在我眼中就是「正確而無用的廢話」，把某個事物描述得很準確，看完卻讓人很難理解它想表達的意思。在我看來，**「內捲」總結起來就是，外利有限，狹窄競爭**。

我做任何事都喜歡追根究柢，既然「內捲」一詞或這種現象早已有之，那我們就來探究它的底細。

嚴重缺乏創造力和想像力的內捲化

假如你是印尼爪哇島（Java）上的農民，為了生存，你開墾了一畝三分地*種水稻。因為土地條件很好，所以每年收成都不錯，養活自己完全沒問題。農閒時，還可以眺望一下遠處茂密熱帶雨林和美麗的塞梅魯火山（Gunung Semeru），順便暢想島外的大千世界。

解決生存問題的你，組成了家庭，孩子多了，勞動力多了，但吃飯的人也多了，原來的那一畝三分地產的糧食漸漸不夠吃了。於是你開始琢磨怎麼在有限的土地裡種出新花樣，卻從來沒想過花點心思換一種生產方式，比如種一些經濟作物去換錢來買糧食。

最早把「內捲」概念引入社會學領域的是美國人類學家克利弗德·紀爾茲（Clifford Geertz），他在一九六三年出版的《農業的內捲化：印尼生態變遷的過程》（*Agricultural Involution: the process of ecological change in Indonesia*）一書中，詳細描述了爪哇島居民

「農業內捲」的現狀。

雖然紀爾茲是第一個在社會學領域提出「內捲」概念的學者，但第一個提出「內捲」現象的並不是他，而是美國人類學家戈登威澤。戈登威澤從藝術的角度提出「內捲」時，舉了兩個典型的案例：

1. 紐西蘭毛利人的裝飾圖紋（見圖1-1）
2. 歐洲曾流行的建築風格——哥德式建築（見圖1-2）

毛利人裝飾圖紋都是手工繪製，花紋繁複，層次細微。手工繪製能夠達到這樣的水準，可知花了很多工夫。不過仔細觀察就會發現，這種裝飾圖紋雖然精細，但十分單調。哥德式建築也是如此，雖然外觀看起來雄偉壯觀且精雕細刻，總是能予人震撼，但仔細觀

* 清朝時，皇帝為了了解農時、熟悉節令，顯示對農業生產的重視，便在中南海劃出了一塊土地，每年在這裡「演試親耕」，世代沿襲，這塊地恰好一畝三分。後來，「一畝三分地」衍伸為個人的利益或勢力範圍。現在，很多人把一畝三分地當作是與自己生活相關的事。

圖 1-1　毛利人的裝飾圖紋

圖 1-2　哥德式建築代表作——米蘭大教堂

察同樣會發現，這種建築形式無非就是簡單、重複運用幾種固定模式。

從創新的角度來看，無論是毛利人的裝飾圖紋還是哥德式建築，都沒有什麼新奇之處，這就是非常典型的「內捲」，即**向內演化得越來越精細、越來越複雜，卻基本上是簡**

單重複幾個固定模式，嚴重缺乏創造力和想像力。在戈登威澤看來，內捲其實就是一種低水準的複雜化。

紀爾茲發現爪哇島的情況與戈登威澤提出的藝術領域「內捲」十分相似：人口不斷增加，耕地面積沒變，人們只能更加精細地耕種，無法轉化為更高級的模式，邊際效應也始終無法上升，長期停留在一種重複輪迴的狀態。於是，紀爾茲提出了「農業內捲」的概念。

小農經濟：投入更多勞力，也無法提高邊際效益

外國人很早就開始研究「內捲」，中國人自然不甘落後。第一個把「內捲」這個詞帶到中文語境的是研究社會歷史的海歸學者黃宗智。

在黃宗智的描述下，我們再來做一個假設。你不再是印尼爪哇島上的農民，你已經穿越到中國華北平原或長江下游平原，當然還是農民。這時，你面前有兩條路：

第一條路，成立一個「家庭農場」，堅持自給自足的「小農經濟」模式，這時你的生

產成本很低，跟你一起幹活的都是家人，沒什麼勞動力成本。不過，這樣雖然產量穩定，但很難再有所成長。

第二條路，你發現種地太辛苦了，產量也有限，於是想去做點小買賣。因為「小農經濟」已經在你的思想裡紮了根，所以你做的生意多半還是服務於「小農經濟」。

雖然看起來跟之前在爪哇島的時候已經有了很大變化，選擇也比之前多了，但是最終的走向並沒有太大的偏差，依然沒有脫離「農業內捲」的「魔咒」，即投入更多勞力，也無法提高邊際效益。

這就是黃宗智在《華北的小農經濟與社會變遷》及《長江三角洲小農家庭與鄉村發展》這兩本書中描述的關於「農業內捲」的狀況。

其實黃宗智這一系列的研究要表達的是，近代中國與西方之所以走上不同的發展道路，很大程度是因為傳統的小農經濟思想在中國人的腦子裡已經根深柢固，而這種思想在本質上就是一種「內捲」——單個勞動力的產出出現了邊際生產率遞減，內耗已經產生。

由於這種思想的禁錮，加上沒有資本和能力，很多人根本沒機會透過資本密集型產業獲取更大收益。

「內捲」就是一種無效競爭

從前文的論述中，我們可以看到，**「內捲」的競爭就是一種狹窄領域內的無效競爭**。

雖然各大電商平台之間競爭慘烈，但消費者的需求不會因為他們的「血戰」而成長，家裡本來已經有一台電視機了，總不會因為電商平台電視機價格大戰再買一台吧！

雖然白酒企業也在透過各種方式進行競爭，但老百姓對酒的需求也不會因此而成長，原本一天只能喝一杯，總不會因為白酒企業的競爭把一杯變五杯吧！

這些激烈的競爭都是無意義的競爭，因為市場並沒有因此變大，需求也並沒有因此增加，而且到最後很可能誰也沒占到便宜，所有參與競爭的人都會感到精疲力竭。

這就好比，在電影院裡，原本大家都坐在自己的座位上看電影，無論坐在哪一排都能看得很清楚。這時候，前排的觀眾突然站起來，而後排的觀眾為了能看清楚銀幕也只好站起來，到最後可能整間電影院裡的人都站著看電影了。

電影還是那齣電影，並沒有因為大家站著看而變得更好看，但所有人都覺得非常累，可是又不得不站著，因為身處在這樣的環境中，你只能被大家推著走。

不然，你就會出局。

第 2 章

剖析內捲，才有機會突破困境

不是現在才出現「內捲」的現象，其實已經存在了很長一段時間，只不過原來沒受到關注。那麼，為什麼在二十一世紀才剛過了第二個十年，這個「古老」的概念忽然「回春」，開始一步步走進大眾的視野呢？研究一件事物的發生和發展，必須探尋這件事物的本質。只不過找到「內捲」的本質並不是終點，我們最終要做的是有的放矢地戰勝它，讓「反內捲」獲得成功。

那麼「內捲」都有哪些潛藏的本質呢？

03 一種來自欲望過度、追求「務虛」的偽感覺

可以毫不誇張地說，「內捲」其實是一種偽感覺，這也是本書要論證的一件事。之所以說「內捲」是一種偽感覺，是因為來自人們的過度焦慮。

中國精神衛生調查結果顯示，二〇二〇年，中國約有六分之一的人正在遭受各種精神和心理問題的困擾：抑鬱、焦慮、孤獨、多動、精神分裂……中國國家衛健委的統計結果顯示，中國患有焦慮障礙的人口比率已經達到五%，也就是說，每二十個人中就有一個患有焦慮障礙，這是一個觸目驚心的比例。

我所說的焦慮是指一種情緒，還沒發展到焦慮障礙的程度。不過從這個層面上來說，受焦慮情緒影響的人數要遠遠高於患焦慮症的人數。

尤其對於生活在大城市的現代人來說，大多數人都存在焦慮的情況：家長為了孩子的成績而焦慮；上班族為了升職加薪而焦慮；公務員為了選拔而焦慮；老闆為了更好地發展

公司、從競爭對手中脫穎而出而焦慮；還有更多人在因為房貸、車貸、養老而焦慮。

焦慮有一個特點叫「未來傾向」，也就是常常擔心未來會有不好的事情發生，因此焦慮的來源大多是擔心懸而未定的事情，比如孩子的升學、自己的前途、企業的發展等。偶爾產生焦慮是人之常情，不是一個完全的負面情緒。大多時候，適度、短暫的焦慮可以讓人保持緊迫感，刺激人們迅速行動。然而，凡事都要有限度，如果焦慮過度，就很有可能對生活和工作帶來負面影響。

適度的焦慮多半來自對事情懸而未定的擔心，而過度的焦慮則大多是受到過度的欲望驅使。

比如，很多年輕人大學剛畢業，就想找一份錢多事少的工作，當然人人都有權利去追求自己想要的工作和生活。為了達到這個目標，正確的做法應該是努力奮鬥，提升個人價值，然而有些年輕人卻對老闆和主管阿諛奉承，對同事進行踩踏，硬生生把現代職場競爭變成了一場宮鬥劇，結果讓自己和公司都陷入了「內捲」的旋渦。

無論對待生活還是對待工作，我們都應該先去做，再求回報，如果你連做都沒做，就想要高回報，就有些不切實際了。內心浮躁、欲望過度是造成這種心理的本質原因。

欲望過度之下，會衍生出許多「務虛」的追求，進而產生「內捲」，例如：

有些家長為了面子，想要孩子光宗耀祖、飛黃騰達，因此加重孩子學習的負擔，一心想讓孩子考上名校。當然，更多的家長監督孩子學習，是希望孩子能有幸福的未來，不再承受自己曾經受過的苦，他們的出發點沒有錯，只是用錯了方法。

企業想要做大做強，不關注產品的品質、客戶的需求、技術的創新和進步，而是成天想著把競爭對手「搞死」，認為這樣的惡性競爭才是自己的出路。

這樣看待成功，無疑是價值觀扭曲。要知道，如果沒有腳踏實地的努力，所有的追求都只是空中樓閣和沙灘上的城堡。

名校和成功不能完全畫上等號

有些家長認為，孩子考上名校就意味著成功、成才，就等於為人生插上了一雙翅膀。這兩者有必然的聯繫嗎？這是一個社會問題，也是值得所有家長關注的問題。

在探討該問題前，先了解為什麼中國家長的名校情結這麼深。其實，跟外向、奔放的西方人相比，中國人屬於內向和矜持的性格，能夠讓中國人投入如此高的熱情，必然有著充分的理由，名校情結也是如此。

在我看來，孩子考上名校不等於成功。有人可能會覺得我接下來要批評名校，但名校之所以稱為名校必有其原因。

名校擁有更好的教育資源

即使在全世界，優質的教育資源都是稀缺的，而它們大多集中在名校當中。比如說，很多諾貝爾獎獲得者、科學界或藝術界的領軍人物、思想界的泰斗都有可能會在名校的課堂上執教。

名校聚集最優秀的同類人

俗話說：「近朱者赤，近墨者黑。」一個人的水準大約是與他交往最多的五個人的平均水準，對於大學生而言，這五個人基本都是朝夕相處的同學或導師。因此，你選擇的不僅是一所學校，更是一個具有同頻率的圈子，這個圈子很可能在一定程度上會影響甚至決定你一生的走向。

名校之所以被稱為名校絕非浪得虛名，只不過一些家長過於神化名校的作用。教育是一件非常個人化的事，名校雖好，卻不一定適合所有人。而且名校也不是想上就能上的，名校的招生門檻相當高。其實從這個角度來說，這也是造成家長們陷入「內捲」的一個重要原因。

其實，讓孩子從小學習一些特長，廣泛涉獵各種知識，可以開闊孩子的眼界，對孩子的成長來說有一定益處。只不過，當這些原本對孩子成長有幫助的事情被過分渲染、過分解讀和實施，甚至到了極端的程度之後，就變調了。當然，相信中國在國家教育管理部門的整頓之下，這種「亂象」一定會有所改善，這也是我們大家共同期待的。

我們接著說家長們陷入「內捲」這個話題。在家長的監督之下，為了拿到名校的錄取通知書，很多孩子不得不放棄內心的很多渴望和夢想，很多孩子嚴重睡眠不足，他們沒有自由自在、無憂無慮的暑假，他們有的只是壓力和緊張。

儘管付出如此多的努力，也並不代表就能進入夢寐以求的名校。如今，世界頂尖名校的錄取率基本在一〇％以下，中國國內頂尖學府每年的招生人數也非常有限，絕大多數孩子的名校夢最終都會以失敗告終。

即使考入了名校，就真的能成功、成才嗎？這取決於家長和學生如何看待成功這件事。如果追求的只是考上名校這件事本身，追求的只是名校光環，那麼拿到錄取通知書就代表成功了。如果還想在名校光環之外，過上充實、幸福的人生，那麼就必須承認，考上名校只是人生一個好的開始，之後的人生到底會怎樣還是未知數。

對於成功的理解因人而異，不同的人會有不同的答案，這是一個比較複雜的問題。為了講清楚這件事，我們用一個比較世俗，同時大多數人也會接受的標準來衡量，那就是能不能獲得體面的工作和可觀的收入。

不可否認，很多頂尖學府熱門科系的畢業生大多不愁未來出路，在他們還沒正式畢業的時候，就有很多高科技企業把他們收入麾下，比如華為、BAT*等大企業每年都會進行校園徵才。

即使出身名校，在面臨就業時，他們也跟普通學校畢業的學生一樣，會憂心工作的問題。名校畢業的碩士在找工作時同樣要面臨激烈競爭，甚至找不到合適工作的大有人在。世界最大薪資統計網站PayScale的一份調查報告顯示，哈佛大學、史丹佛大學、加州理工學院、麻省理工學院等頂尖學府畢業生薪資水準名列前茅。但如果仔細研究這份調查報告會發現，這些頂尖名校畢業生的平均年薪比一般大學生只多幾千美元。也有人指出，名校的畢業生收入高過普通大學畢業生，從根本上來說是因為他們本身就足夠優秀，否則也考不上名校，而並不能完全歸功於他們出身於名校。從這個層面上來看，如果以未來的收入作為衡量標準，上名校並不一定會讓你變得更成功。

其實，即使沒有調查報告或統計資料，仔細了解和觀察一下身邊的人和現象就不難發現，有很多上了名校的人，工作和收入情況並不理想，而只上了普通大學甚至沒有上過大學但事業成功的卻大有人在。頂尖學府的碩士的上司，很可能只是普通大學的畢業生，這種情況在職場中也很常見。

為什麼會出現這種情況？很重要的一個原因就是，有一些上名校的人發生了「內捲」。在他們看來，上名校就等於成功，於是便把大部分精力都放在了學業上，目標是拿到最後的文憑。而一些普通大學的學生並不會把考上大學當成唯一目標，也不認為考上大學就是成功，他們在完成學業之餘，還會尋找機會更早地接觸社會，從而掌握更多在學校學不到的知識和技能。當他們步入職場之後，這些知識和技能帶來的價值使他們有更多的機會得到企業認可。

誠然，能夠考上名校這本身是一件好事，從某種程度上來說，上名校是未來取得成功的一個預兆，甚至可以促進未來取得成功。但是上名校並不是通往成功的獨木橋，也不是成功的絕對保證。

總之，**上名校和成功、成才並不能畫等號**。如果有這種想法，只能說有一些家長的人生觀太過狹窄，想像力太貧乏了。他們會把這種狹窄的人生觀灌輸給孩子，導致孩子繼續迷失在這種狹窄的人生觀中。

＊百度（Baidu）、阿里巴巴（Alibaba）、騰訊（Tencent）三家網際網路公司的統稱。

企業有變強的野心，卻只會空喊口號

很多企業家心中都有一個終極夢想，就是把自己的企業做大做強，甚至做上市，這一點在新生代創業者身上表現得尤為明顯。有這個目標是好的，畢竟有目標才會有前進的方向。遺憾的是，真正能夠做大做強的企業只是極少數，絕大多數創業者都變成了這條路上的炮灰。

創業失敗的原因有很多，可能是產品的問題，可能是管理的問題，也可能是經營模式的問題。在我看來還有一個原因，那就是創業者的思想過於狹隘，追求務虛。怎樣理解這句話呢？舉個簡單的例子，「為消費者服務，以客戶為中心」，這應該是所有企業家和創業者深諳的道理，同時也是企業的追求，但很多人只是把這句話當成了口號來喊，從未真正落實。

這就是典型的追求務虛，而這樣做的結果很可能是讓企業陷入巨大的內耗，明明投入了時間和精力，卻很難達到預期的效果。如果只是空喊口號，不務實，不付出，想把企業做大做強無異於痴人說夢。

在義大利都靈大學的校門口有兩尊黑色雕塑，左邊是一隻飛鷹，右邊是一匹奔馬。它們是都靈大學的標誌，幾百年來，一直默默矗立在那裡迎接著一批又一批新生的到來，送走一批又一批的畢業生。

很多不明真相的人以為，這隻飛鷹代表的是鵬程萬里，這匹奔馬代表的是馬到成功，但真實並非如此。都靈大學的校史中是這樣記載的：這是一隻被餓死的鷹。原來，這隻鷹志向遠大，想要飛遍全世界。為了實現這個偉大的理想，牠制定了詳細的飛行計畫，苦練各種飛行本領，可是卻忘記了學習覓食的方法。就這樣，當牠已經具備了飛遍全世界的能力之後便踏上了征程，可是只飛了五天，這個偉大的行動就擱淺了，因為不會覓食，這隻鷹活活把自己餓死了。

再來看那匹馬，其實牠也並不是千里馬，而是一隻被剝了皮的馬。這匹馬的第一個主人是個磨坊主，馬嫌主人每天讓牠幹的活太多，自己太累，於是乞求上帝給牠換一個主人。這樣，上帝給牠找了第二個主人——一個馬夫。可是待了沒幾天，馬又嫌馬夫家的飼料不好，於是又乞求上帝給牠換主人。上帝又給牠找了第三個主人——一個皮匠。皮匠家的活兒不多，吃的飼料也不錯。馬很高興，覺得自己終於找到了一個好主人。可是沒過幾天，馬的好日子就到了頭，皮匠把牠殺了，剝皮製成了皮製品。

都靈大學的創始人把這兩尊雕塑放在大門口，就是要提醒學生們，千萬不要像那隻被餓死的鷹一樣，志向遠大卻不切實際，整日夢想著飛遍全世界，卻從沒想過學會勞動和謀生的本領；也不要像那匹被剝了皮的馬一樣，站在這山望著那山高，只知道貪圖享樂，不願意付出辛苦和努力，要知道，腳踏實地才是在社會上立足的根本。

很多創業者就像這個故事中的鷹和馬一樣，志向雖然遠大，但沒有真才實幹，也不懂得腳踏實地和付出。「以客戶為中心」就是所有創業者都必須具備的真才實幹，把這句話落實，企業做大做強就是一個水到渠成的結果。

一九八七年，華為剛剛成立的時候，只是一個銷售代理電話交換機的小公司，六位合夥人加在一起才湊了人民幣兩萬元。但是三十幾年後，華為已經連續多年蟬聯中國民營企業五百強榜單中的第一名。

華為成長得如此迅速，獲得這樣好的成績，依靠的正是「以客戶為中心」的核心價值觀。華為執行長任正非曾說：華為命中注定是為客戶存在的，除了客戶，華為沒有任何存在的理由。在華為，「以客戶為中心」絕不是一句口號，而是已經融入了華為人的血液中。

二〇一〇年，一位負責歐洲業務的副總裁回國向任正非做彙報。當時華為在歐洲的業務做得很好，這位副總裁的報告也做得非常精美。結果，會議上畫風突變，那位副總裁不僅沒有等到肯定和表揚，反而被任正非狠狠罵了一頓：「你們要腦袋對著客戶，屁股對著領導。不要為了迎合領導，像瘋子一樣，從上到下地忙著做簡報投影片……不要以為領導喜歡你就升官了，這樣下去我們的戰鬥力是會削弱的。」

在接下來召開的一次會議上，任正非進一步指出：「在華為，堅決提拔那些眼睛盯著客戶，屁股對著老闆的員工；堅決淘汰那些眼睛盯著老闆，屁股對著客戶的幹部。前者是公司價值的創造者，後者是牟取個人私利的奴才。各級幹部要有境界，下屬屁股對著你，自己可能不舒服，但必須善待他們。」

「腦袋對著客戶，屁股對著領導」，是「以客戶為中心」最直接的體現。華為明文規定嚴禁討好上司，就連機場接送領導也是被禁止的。對此任正非曾說：「客戶才是你的衣食父母，你應該把時間和精力放在客戶身上，在華為只有客戶才能享有專車接送的待遇！」每次出差或度假，任正非都不會通知當地分公司的負責人。下了飛機，沒有迎來送往，更沒有前呼後擁，他會自己拖著行李去坐計程車，直奔酒店或會議地點。

在中國網路技術剛起步時，多數人都對這種新商業模式持懷疑的態度，阿里巴巴卻清晰地認識到了網路經濟未來的廣闊前景，奮不顧身地投身其中。在時代紅利的賦能下，阿里巴巴早早就成了消費者心中線上電商平台的代表，奠定了它如今在中國網路業領頭羊的地位。

隨著網路技術、大數據技術的發展和應用，以及各種專業市場分析機構的出現，現在企業在各種工具和外部力量的幫助下，可以對市場進行相對準確的分析和預判。換言之，過去市場的真理掌握在少數人手中，而現在大家都獲得了了解真理的能力。

既然現在很多企業都可以對市場進行準確的洞察，是不是意味著這些企業都可以成為各自行業中的佼佼者呢？答案很顯然是否定的。

我相信很多經營者在日常工作中已經感受到了一些端倪，**當市場上出現某個消費熱點時，很多企業會蜂擁而至，即便這個行業內已經擁擠不堪，依然還是有很多人想要擠進來**

分一杯羹。於是行業的競爭會變得更加激烈，這時候對於能力並不突出的企業來說，即便能夠發現熱點，也很難在競爭中取勝。

降維打擊的大規模競爭

對市場熱點的精準洞察可以為企業的發展指明方向，但關鍵的問題是，發現這個方向的人不只你一個。當所有人都向著這個熱點發力的時候，你要面對的不僅是行業內部的競爭，還有其他跨界而來的優秀企業的壓力。

縱觀中國市場的發展脈絡，其實不難發現，行業之間的壁壘正在慢慢消融，尤其是在面對一些不可逆的市場趨勢的時候。比如，網路經濟蓬勃發展的時候，所有人都在講業務網路化、辦公數位化；移動網路時代到來，所有人又將目光從 PC 端轉移到了移動端。

在過去，我們常說「隔行如隔山」，不同的行業有不同的規則，因此企業之間的競爭往往也局限在同行業之內。如今，網路打破了行業之間的壁壘，「隔行取利」甚至已經成為很多企業的祕密武器。在這種環境下，企業不得不面對行業之內和行業之外所有的競爭對手，而這種範圍日益擴大的競爭行為，我將其命名為「大規模競爭」。

二〇二〇年在疫情的影響下，社區團購發展得如火如荼。網路巨頭紛紛發現了其中的商機，相繼在這一領域加大投入。網路巨頭入局，炒熱了社區團購這一話題，資本市場也開始躍躍欲試。

如此一來，原本市場上的社區團購品牌，除了要應對業內新興品牌的瘋狂追趕，還要面對眾多網路巨頭的「圍追堵截」。

就這樣，賣菜這件事幾乎在一夜之間成為網路行業繼購物、叫車、外賣之後的又一個風口。在我看來，這種做法無異在對生鮮社區團購這一行業進行「降維打擊」，是一種典型的大規模競爭。各大媒體都紛紛對此發表了看法，其中《人民日報》的一則新聞更是一針見血地對此進行了深刻的解讀。

「國家領導人反覆強調，要把原始創新能力提升擺在更加突出的位置，努力實現更多『從零到一』的突破。掌握著海量資料、先進演算法的網路巨頭，理應在科技創新上有更多擔當、有更多追求、有更多作為。別只惦記著幾捆白菜、幾斤水果的流量，科技創新的星辰大海、未來的無限可能性，其實更令人心潮澎湃。」*

線民們對此也表達了自己的見解，有人就曾這樣調侃：「在一些外國企業巨頭一步步把未來世界的幻想變為現實的時候，國內的網路巨頭們卻在忙著搶社區小販的飯碗。」

這種「大規模競爭」最終將會帶來什麼結果呢？關於社區團購行業的競爭，一切都是剛剛開始，未來會如何尚不可知。但是，在過去的商業發展歷程中，很多曾經的熱門行業，階段性的發展結果已然清晰可見。

以共享單車行業的發展為例。在共享單車剛剛興起時，因為背後巨大的市場和國家的大力支持，很快就成為熱門行業。除了大量以共享單車為主營業務的創業公司，還有很多大企業透過併購、投資等方式也進入共用經濟領域。我們熟知的幾個共享單車品牌，背後

* 來源：二〇二〇年十二月十一日微信公眾號「人民日報評論」。

都有網路公司的支持。然而現在，除了起步較晚的青桔和其他幾家公司，最早出現的共享單車品牌都退出了市場。

誠然，共享單車行業發展得不景氣，最主要的原因是這個行業本身就存在盈利模式不清晰的問題。除此之外，大量企業集中投入市場，極大地激化了競爭強度，起到了推波助瀾的作用。

在激烈的競爭下，為了獲取更多的使用者，原本就需要透過行銷活動吸引使用者的企業，必須付出更大的代價，提供更多的優惠，才能在眾多同類型產品當中脫穎而出，贏得使用者的關注。原本就不明朗的盈利前景，在不斷增加的成本投入之下，變得更加黯淡。

在愈發激烈的競爭中，沒有誰成為最後的贏家，行業市場總量也沒有因為競爭而產生明顯成長。從這個角度來說，「大規模競爭」實際上是一種沒有意義的「內捲」。

那麼，為什麼企業會陷入「大規模競爭」的「內捲」當中呢？我們之前提到了，網路和大數據技術的發展，為企業掌握不同行業的市場動態，以及不同領域的經營規則奠定了基礎。但這些技術層面的因素，充其量只是為「大規模競爭」的出現提供了條件。真正導致「大規模競爭」的根源，我覺得還要歸結於經營者自身的思維模式。

從眾效應導致狹隘思維

中小企業是市場的主流，而中小企業的經營者，絕大多數是技術或者銷售出身。因為沒有接受過專業的企業經營、管理教育，所以很多經營者在思考問題時，更習慣從自身出發，而不是全盤考慮，整體衡量。

雖然在網路和大數據工具的幫助下，企業可以分析行業發展的走向，但狹隘的思維模式，同樣也會束縛經營者的認知，導致他們只能看到別人都能看到的，始終不能更進一步，看到更遠的未來。經營者普遍存在的這種狹隘思維，我稱其為「小規模生存」，即只能關注到自己身邊小範圍的事情，無法將目光放得更長遠。

說到這裡，我想到了之前看到的一個故事。有個小夥子，家裡祖祖輩輩都是菜農。他子承父業，也做了一個菜農，每天挑水去菜地澆菜。日復一日，年復一年，他已經習慣了這種生活。

有一天，挑水走到半路他有點累，就坐到一棵大樹下歇腳。這時候，他抬頭看到了不遠處村裡一個大財主家的大房子。他十分羨慕，心裡突然有了一個夢想：如果有一天我能像大財主一樣有錢，我一定要用金子打一條扁擔來挑水。

這則故事就是典型的思維固化、認知狹窄，雖然有了財富，但挑水種地的思維沒有改變，因為他已經習慣了這種思維模式和生活。

在家庭教育中，有很多家長遵循的都是「一切以分數來說話」的原則。在這些家長看來，只要孩子成績好，分數高，將來一定能考上好學校，變得有出息。一旦孩子的分數不理想，或者沒有達到他們的預期，他們就會指責、抱怨，甚至覺得孩子的未來沒有希望。

這也是一種思維固化、目光短淺的表現。思維狹隘體現在對生活方式的固守上，中國式家長的思維狹隘體現在「唯分數論」上，那麼回歸到企業經營的場景中，經營者目光狹隘，主要體現在哪裡呢？

我認為，大多數經營者的思維狹隘體現在對熱點的認知上。說到這裡，我覺得有必要先明確一個概念——排隊效應。所謂「排隊效應」，在我們生活當中很常見，尤其是一些老年人，他們常常對人群紮堆的地方感到好奇，即便不知道賣的是什麼產品，往往也願意跟著其他人排隊去看看。

這其實也是實體門市常用的一種攬客手段。簡單來說，其實就是利用了人們的從眾心理，讓人們對高客流量的門市產生興趣。在企業經營者對熱點的認知上，同樣受到這種「從眾效應」的影響。

除了透過自身洞察市場，分析行業發展趨勢，很多企業經營者在判斷某個行業或者某個產品能否成為熱點的時候，還會把進入這個行業或開發這個產品的企業數量作為重要的參照。換句話說，跑道越擁擠，越能吸引企業進入。

舉個例子，在智慧手機全面取代功能手機成為主流手機的時候，很多老牌手機廠商開始轉型，比如中興、HTC等。同時市場上也出現了一批以智慧手機設計、開發、生產、銷售為主要業務的優秀創業公司，比如小米、vivo等。

雖然產品研發水準不同，早期的智慧手機品牌並沒有全部實現盈利，但這個行業背後巨大的市場規模和發展前景，也已經充分展示出來了。於是，很多其他行業的企業也向這個行業延展。其中不乏一些傳統行業的佼佼者，比如占據中國通信行業龍頭的華為、PC設備出貨量全國第一的聯想、在家電製造行業名列前茅的海爾和格力等，都先後研發並推出了自己的智慧手機產品。

其實在其他行業的企業投入市場之前，智慧手機行業內部的競爭已經足夠激烈了，而這些「外來物種」的入侵，顯然又加劇了內部生態的不平衡。在原來環境當中生存時間更長的「原住民」自然更了解這個行業，也更了解用戶的需求，傳統製造業的頂尖公司，雖然有強大的開發與設計能力，但對市場不了解是他們最大的弱點。

經過市場的篩選，這些後續進場的企業當中，除了華為憑藉自主研發的晶片和優秀的產品品質成功立足市場，其他的像聯想、海爾、格力製造的智慧手機，並沒有掀起太大的浪花。

其實，不了解市場只是眾多跨界手機廠商失敗的表面原因，更深層的原因是他們陷入了「內捲」的旋渦。跨界本身沒有問題，但是作為其他行業的領軍者，進入智慧手機行業之後應該轉化先進的技術，對智慧手機再進行一次革命，從而推動這個行業的發展。然而他們沒有這樣做，因此他們的產品得不到市場和消費者的認可也不足為奇。而華為之所以成為這個行業中的佼佼者，正是因為沒有陷入「內捲」，華為研發出了自己的晶片，推動了中國智慧手機行業的發展。

同樣的事情也發生在另一個熱門行業，那就是新能源汽車領域。隨著世界石油儲量持續下降，以及人們環保意識的提升，傳統燃油動力汽車的弊端開始顯現，以清潔能源──電能為主要動力的新能源汽車成為行業發展的方向。甚至在國際社會上，已經有一些國家提出在不久的將來用新能源汽車全面取代燃油汽車的發展目標。

雖然因為大量傳統車企轉型，導致新能源汽車製造這個行業已經擁擠不堪，但還是有很多企業想要擠進來分一杯羹。比如百度就在二〇二〇年宣布開始自研新能源汽車。

市場的潮流確實誘人，但貿然進入一個並不熟悉的領域，除了將自己推向「內捲」的旋渦，並沒有太多積極的作用。為什麼那麼多「外行人」進軍智慧手機行業，但成功的只有華為呢？表面上看，華為也是一股腦紮進了當時的熱點行業，而實際上華為的目光放得很長遠，它不僅關注到了熱點，還看到了智慧手機行業未來競爭的核心之一——晶片。這是很多一開始就經營智慧手機產品的公司都不具備的長遠目光，也正因如此，華為才能以「攪局者」的身分，後來居上成為中國手機行業的龍頭老大。

對於企業的發展來說，經營者的思想高度代表企業未來成長的天花板，如果經營者的目光不夠長遠，不能打破「小規模生存」狹隘思維的限制，那麼企業必然也更加容易陷入「大規模競爭」的「內捲」當中。

到底是什麼原因導致經營者出現了「小規模生存」的狹隘思維呢？我覺得其中最重要的一點就是，當前商業社會的高速變化給經營者帶來很多焦慮。

美國著名的管理學家伊查克・愛迪思（Ichak Adizes）曾經提出過一個「企業生命週期理論」，大意是說企業的發展和個人的成長一樣，都要經過孕育期、嬰兒期、學步期、青春期、壯年期、穩定期、貴族期、官僚化早期、官僚期、死亡這十個不同的階段。愛迪思認為企業的發展，以穩定期為分界線，前半部分是成長，而後半部分是衰退。

換言之，**對於企業來說，穩定的發展非但不是好消息，反而是不幸。因為穩定往往意味著成長的停滯，而一旦業務失去活力，企業的發展也會逐漸走下坡**。這其實就是現階段很多大企業主要的發展困境，原有的業務走到了終點，然而還沒有找到合適的創新業務，面對這種事關未來生死存亡的問題，企業經營者自然會陷入焦慮。

為了緩解焦慮，同時也為了能夠嘗試更多的新業務，企業會透過持續試錯來尋找合適的第二曲線，就不可避免地要從一些熱門行業下手。大企業之所以能夠這樣做，很大程度上也是因為自身的實力足夠強大，即便行業內部已經十分擁擠，但企業也有信心擠占一定的市場份額。

04 同質化、同思化、同哲化，導致創新受限

二〇二〇年，受新冠疫情的影響，越來越多消費者選擇透過線上購物、即時配送的方式獲取生活必需品。也正是在這個階段，很多社區團購品牌開始崛起，大量線下賣場也紛紛轉型線上。

雖然出現了很多不同品牌的應用和平台，但在使用的過程中，很多人都覺得不同的應用和不同的平台看起來非常相似。

其實，這只是新商業時代企業之間同質化競爭的一個縮影。我覺得現在國內所有行業都存在同質化競爭的現象。所謂「同質化競爭」，很多人認為是不同企業生產的產品品質相近，而實際上，「同質化」強調的不僅僅是產品的品質，還有產品的外觀、風格的極度相似。

那麼，同質化是如何產生的呢？首先**大家的經營思想都差不多，即同思化，然後又有**

雷同的價值觀和方法論，即同哲化，同哲化中的「哲」指的就是經營哲學，即價值觀和方法論。「三個同化」直接導致的結果就是社會的多元化嚴重不足，創新因此受限。

同質化：只提升服務品質，卻缺乏創新技術

除了一些相對特殊的行業，比如國家專營的關係到國計民生的能源產業、門檻比較高的尖端科技創新產業，大多數領域都存在同質化競爭的現象，而且同質化競爭的表現形式已經變得越來越多樣化，有的甚至已經脫離了產品本身，上升到產品配套服務的領域。

過去我們在購買家用電器時，除了產品的品質、價格和口碑，還會考慮產品的售後維修問題。在當時，很多家電品牌的售後服務還不完善，甚至有的根本就不提供售後服務。當產品故障需要維修時，只能自己想辦法送到維修點。我相信，這應該是很多和我同齡、六年級生*的普遍記憶。而現在，絕大多數家電品牌都會提供完善的配套服務。

* 生於一九七〇年代的人群。

之前我在網上購買了一台電熱水器，下單後很快就接到了店鋪的電話，詢問我安裝的位置是否有插座和接地、社區的額定電壓是否達到規定標準、線路是否裸露、管道是否安裝完畢等問題。在我一一做出了回覆之後，客服人員確認了我家的環境符合安裝標準，告訴我會儘快發貨。

電熱水器很快就快遞到我家，簽收後不到十分鐘，品牌方的客服再一次透過電話聯繫我，跟我確認是否已經收到產品，在我給出了肯定的答案之後，客服又詳細地告知了預約安裝的管道和方法。

根據客服提供的預約電話，我和當地的品牌直營店取得聯繫，門市的安裝服務人員詳細記錄了我的地址和聯繫方式，並告知除了產品附的配件，我還需要準備兩個新的閥門。接下來，我和門市服務人員確認了安裝時間是在第二天上午十點。

到了第二天，上門提供安裝服務的工作人員準時到達我家，進門前還換上自帶的鞋套，儘管我一再表示完全不用這麼在意。整個安裝過程只用了不到二十分鐘，安裝完服務人員還進行了產品的使用測試，確認所有功能都可以正常運轉之後，又告訴我很多在實際使用過程中應該注意的地方，還留下了售後維修服務人員的聯繫電話和當地品牌直營店的地址。臨走之前，還仔細地收拾了安裝留下的垃圾。

這種周到且貼心、貫穿整個銷售過程的服務，對於一個曾經需要自己想辦法將家電送到維修點的人來說，簡直是受寵若驚。現在所有家用電器行業排名靠前的企業，都可以提供相同水準的高品質服務。

很多人可能會覺得這種同質化其實是一種好事，事實卻並非如此。首先，從企業的角度來說，過去只需要提供標準的服務就可以讓消費者滿意，可隨著配套服務同質化越來越嚴重，想要在眾多同類型企業當中脫穎而出，只能不斷提升自己的服務能力和水準，用高於標準的服務去打動使用者。可是，為了提供更好的服務，企業需要投入更多的成本，從而降低了利潤。從整個行業的角度來說，雖然在理論上，優質的服務在一定程度上可以提升產品的平均價格，但激烈的同質化競爭又從某種程度上抵消了這種價格的增幅。

家電行業把著眼點放在了提升服務品質上面，這就是一種典型的「內捲」行為。那麼應該把著眼點放在哪兒呢？自然是技術創新和產品更新上。良好的售後服務只是一個基準，家電行業卻把這種基準當成了評判一家企業的標準。「內捲」導致這些企業混淆了發展方向，把基準當成了標準。

其次，如果從獲取優質服務的角度來說，消費者的確從中獲得了一些服務的紅利。但是從本質上來說，**由於企業把主要精力都投入到了提升服務上，在科技創新和產品更新方面自然會有所欠缺，而對於消費者來說，享受不到科技帶來的紅利是一種更大的損失，而且這種損失無法透過獲取服務紅利彌補**。

另外，在享受不到科技進步紅利的同時，消費者還要陷入人際交往的負擔當中。安裝人員上門服務，消費者作為享受服務的人自然要進行適當的接待，端茶倒水、迎來送往是必不可少的。

同思化：表達方式不同，思維模式卻雷同

現在的消費者更青睞獨特、與眾不同的產品，那為什麼還會出現「同質化競爭」的現象呢？

現在市面上比較流行的一種說法是，這是因為「抄襲」和「模仿」的成本遠比自主創新要低得多。而且，被模仿的產品所打下的市場基礎，也可以被模仿者盜用，相對於自主創新的風險更低。

不過，「抄襲」和「模仿」也有天然的弊端。珠玉在前的基礎上，即便企業可以完美地複製，也很難打破原有產品與消費者的連接。換句話說，**模仿而來的產品雖然有盈利的可能，但空間極小，很難占據較高的市場份額**。

二〇一五年，某餐飲品牌的第一家酸菜魚門市在廣州正式開業。明明只是一道簡單、家常的酸菜魚，卻因奇葩店規爆紅網路：店內只有一種魚、一種味道、一種辣度，而且魚的數量有限，售完為止，一行超過四人用餐就不接待了。也正是因為這種奇葩的店規，讓這個品牌獲得了眾多消費者的青睞，口碑迅速崛起。

在這個品牌爆紅之後，市面上陸續出現了「複刻版」店鋪，不僅名字相似，而且店規也相差無幾。可是，大浪淘沙之下，跟風仿冒者死傷無數，只有最初的那個品牌業績保持著穩步的成長。

不必教育市場，不用為產品宣傳投入太多，甚至連品牌 logo 都不用再費心設計，透過模仿就能享受紅利，這樣巨大的誘惑之下，模仿者豈能不趨之若鶩？但這種不會主動思考、不自覺去重複他人行為、不顧及客觀事實的思想，都只是照搬現學，只形似卻不神似。

南宋文學家姜夔所作的《白石道人詩說》一文中有這樣一段話：「一家之語，自有一家之風味。如樂之二十四調，各有韻聲，乃是歸宿處。模仿者語雖似之，韻亦無矣。」意思是說，每個學派都有各自的特點，就像音樂當中的二十四個音符，各有不同的韻味，人們雖然可以模仿其他人的語言，但很難複製言語當中的韻味。

近代教育家陶行知在《我們對於新學制草案應持之態度》一文中，也提出了一個觀點：「建築最忌抄襲；拿別人的圖案來造房屋，斷難滿意。」

模仿而來的同質化產品的弊端，在這兩句名家之言中，體現得淋漓盡致。

在現實當中，很多企業推出的產品雖然沒有先後次序之分，不存在「模仿」和「借鑒」的行為，但產品之間依然有著極高的相似度。

比如化妝品的命名。你家有小黑瓶，我家有小紅瓶，他家有小紫瓶，另外一家有小棕瓶。雖然品牌不同、產品的外觀也毫不相干，但從產品的暱稱上來說，很容易讓消費者將它們聯繫在一起。

再比如產品的外包裝。椰子水作為一種近年來受年輕消費者歡迎的飲品，市場上已經出現了很多不同品牌。可是從包裝的角度來看，很難分辨它們的區別：大多是以白色作為底色，配上椰子水的英文標識，然後再繪製一個汁水蕩漾的綠色椰子。

為什麼化妝品企業推出的產品名稱如此相似？為什麼企業設計的飲品包裝都具備同樣的元素？原因其實很簡單，就是行業內部經營者思考問題的方式有很強的相似性。

以餐飲企業為例，我們都知道產品的標準化是現在中式餐飲企業向更高維度發展的難題。而火鍋和烤肉這兩個品類不同，因為它們主要是以原料的形式輸出，由消費者自己去涮、烤，所以比較容易實現標準化。實際上，大多數餐飲企業的經營者都是這麼想的，也都是這麼做的。正是因為這種相似的思維模式，才導致了現在餐飲市場上，各種火鍋品牌和各種烤肉品牌之間的同質化競爭。

同樣的道理，不同品牌的化妝品設計師都覺得用「小X瓶」這種簡單直接的方式可以贏得消費者的關注，不同品牌椰子水的包裝設計師都覺得清爽簡潔的設計方案更符合當下消費人群的審美。因此，才會出現產品名稱和產品包裝的同質化。

其實不只是在同一個行業之內，有時在不同的行業，由於經營思維的相似性，也會創造出具備同質化特性的產品。

比如，有這樣兩家公司，一家是房屋仲介公司，另一家是家具公司，雖然屬於不同行業，但因為兩者都與房子有關，所以設計師在設計品牌 logo 時，可能會把這種和經營息息相關的元素放進去，於是我們就會發現，這兩個不同行業的品牌，乍一看 logo 相似度非常高。

說到這裡，我們不妨回過頭來分析一下企業「抄襲」或者「模仿」其他成功品牌的行為，看看這背後究竟是什麼底層邏輯在驅動。

對於企業經營者來說，只有在認可了某個品牌的經營模式的前提下，才會進行「模仿」甚至是「複刻」。說得通俗一些，就是認為其他經營者的想法是正確的，才會去模仿他們的經營模式。因此，無論是刻意的模仿，還是無意的雷同，從根源上講，都是思維模式相似。

其實，如果我們對思維模式相似的企業進行系統分析，會發現在思維模式背後，經營者的人生觀、企業的價值觀也有一定的相似性。

舉個例子，短影片平台現在已經成為人們日常生活中娛樂消遣、社交溝通的重要管道，而中國市場上，用戶數最多的兩家短影片平台就是D平台和K平台。雖然從應用外觀、名稱及頁面設計等外在因素上看，兩者的相似度並不高，但其實在核心的內容推薦邏輯上，它們具有很強的相似性，都是更偏向於流量的公平分配，同時對於一些相對優質的內容給予更高的推薦比重。

為什麼兩個不同的平台，會形成相似的普惠式內容推薦邏輯呢？這個問題的答案，需要追溯到兩個平台的價值觀。

K平台其中一個創始人曾經說過：「K平台的存在，就是希望可以連接社會上被忽略的大多數，我們不是為明星存在的，也不是為大V存在的，而是為最普通的用戶存在的。我們最根本的邏輯是，不只是明星和大V的生活需要被記錄，每個人的生活都值得被記錄。」

K平台的另一位創始人也曾表示：「在我們眼裡，注意力作為一種資源和能量，我更希望它像陽光一樣灑到更多人身上，而不希望它像聚光燈一樣，只聚焦在少數人身上。」

D平台的總裁在二〇一九年八月二十四日首屆創作者大會上發表的演講中說：「二〇一七年年底，我們快速成長，從一個小眾、潮流人群的產品，變成了普通人記錄生活的平台。我們發現，很多人在平台上記錄下他們開心、樸實的生活瞬間。」

雖然表達的方式不同，但實際上兩個平台的經營者都表達了同一種價值觀，就是只有普惠的，才是美好的。也正是在這種相似價值觀的指導下，兩個平台才走上了同質化發展的路徑。不過，企業的價值觀在很大程度上也來自經營者的人生觀，因此人的意識依然是導致同質化競爭這種「內捲」發生的根本原因。

同哲化：模仿相同價值觀，永遠都在跟風

雖然現在很多企業深陷同質化競爭的「內捲」旋渦當中，但內捲最恐怖的地方在於，即便你身處其中，深受其害，也未必能夠發覺自己的處境，甚至還會繼續樂在其中，渾然不知危險已經悄悄靠近。人的一生永遠都在為自己的認知買單，那麼因同質化競爭引起的「內捲」究竟有哪些危害呢？接下來，我們重點探討這個問題。

無論是「抄襲」、「模仿」，還是因為價值觀、思維模式相似而導致的產品雷同，從市場的角度來說，這些都是缺乏創新的表現。對於新商業時代的企業而言，我們現在面對的消費者，既空前挑剔又追求個性，如果缺乏創新或者不具備多元化的特徵，這樣的產品便很難獲得市場和消費者的認可。

諾基亞就是典型因缺乏創新思維而失敗的案例。在諾基亞最輝煌的年代，它摔不爛的機身以及經典的貪吃蛇遊戲給很多消費者留下了深刻印象。如果在蘋果和三星進入市場之後，諾基亞能及時進行創新，還是有機會占有一定市場份額的，但是它固執地堅持塞班

系統（Symbian OS）和物理按鍵。後來的結局大家都知道了：二〇一四年，諾基亞完成了和微軟手機業務的交易，把自己的設備、服務、業務都賣給了微軟，正式宣布退出手機市場。

無獨有偶，曾經風光一時的中國民族品牌H果汁正式宣布退市。這家成立於一九九二年的食品公司，曾經有過許多風光時刻，比如，連續十八年蟬聯「農業產業化國家重點龍頭企業」；二〇〇七年，在香港聯交所主機板成功上市等。H果汁是很多人兒時的回憶，現在卻一去不復返。

很多人將這家公司的失敗歸結於陳舊的家族式管理模式，也有人認為是創始人本身就沒有負起對品牌的責任，兩次「賣身」未果後，失去了繼續發展的動力。在我看來，缺乏創新的產品也是這家曾經的行業龍頭老大走向末路的重要的原因。

俗話說，冰凍三尺，非一日之寒，H果汁的失敗也不是在短時間內由於某一個原因導致的，而是很多不利因素逐漸累積，天長日久最終壓垮了企業。我們來設想一下，如果該品牌堅持創新，透過保持產品的新鮮感來贏得更多消費者青睞，或許結局就不會是這樣了。

其實現在很多行業的現狀都是缺乏創新，究其原因，要麼是缺乏技術，要麼是缺乏資金投入，要麼壓根就不想創新，明知道「模仿」和「抄襲」沒有前途，仍然前仆後繼。這一點在白酒行業更加突出。

有很多小酒廠，看到酣客產品的獨特性和銷售效果之後，紛紛模仿我們。據不完全統計，現在市場上至少有五百家酒廠在模仿我們的產品設計。

無論出於何種原因，市場上同質化競爭越來越激烈已經成為不可逆的事實。當大家的思考方式一樣、價值觀也一樣的時候，自然會走上同一條道路，創新也在這樣的限制下無法得以實現，而這也是「內捲」產生的又一個重要原因——同哲化。

其實，對於這些小酒廠來說，它們看到酣客包裝箱成功獲得市場認可後，首先想到和要做的，不應該是跟風和模仿，而應該是從中受到啟發，對自己的產品包裝進行創新，只有這樣才能避免陷入「內捲」的旋渦而無法自拔。

當進入同一個領域的人越來越多，企業自身不能實現多元化發展時，就意味著企業能得到的利益會越來越少，這顯然不是企業想要的效果。

從社會的角度來看，創新受限，企業都集中在原有的領域拚命對抗，內部虛耗的同時，也很難推動新事物的出現。沒有新事物去激發消費者潛在的多樣化需求，社會的發展也會停留在原有的水準，很難找到進步的方向。

總而言之，因同質化、同思化、同哲化而導致的「內捲」，是限制企業和社會向更高層次發展的強大阻礙，如果不能改變經營者從眾的思維模式和價值觀定位，企業會陷在「內捲」的旋渦中不能自拔，最終因為自身發展停滯而失敗退場。

05 格局短淺、使命偽化，向現實妥協

孩提時代，很多人都把自己局限於一方小小的天地之中。長大以後，他們又把自己的孩子困在各種才藝班裡。很多人都曾肯定自己，認為自己是獨一無二的，可最終讓他們「泯然眾人」的還是他們自己。

當一些肩負著或崇高或偉大使命的人在被現實生活洗禮之後，格局大多會變得越來越淺薄。在理想與現實產生衝突時，很多人只好選擇向現實妥協。

晚清時期，光緒皇帝聽取康有為、譚嗣同等人的建議開始變法改革，宣導學習西方，吸納他們先進的科學文化，改革舊的政治、教育制度，主張摒棄八股文等舊文化。剛開始，慈禧太后對這一改革舉措是贊成的，而當她意識到戊戌變法已經觸及她在清政府的實權以及保守派的利益時，就開始由支持變成了出手鎮壓。光緒帝和維新黨派在面對封建王

朝的極力阻礙時，並沒有堅持自己的主張，最終選擇了妥協。

思想層面的狹窄和淺薄，在很大程度上會對一個人的人生軌跡產生巨大影響。那麼，這種格局上的淺薄化是如何形成的？

偽化效應：有理想，但把時間和精力花在造假

不管是中國電商平台「拼多多」砍價，還是團購平台裡的拼團，很多人都在微信裡收到過好友發來的請求幫助砍價或拼團的連結。在收到這種連結時，大多數人雖然會助力或參與一下，但是多半在心理上會有一些抗拒。而有一群人卻是例外，她們不僅對於參加砍價或拼團這樣的事情樂此不疲，而且在拼購中還玩出了許多新花樣。

二〇二〇年十月，「上海偽名媛事件」爆紅網路。

事件始於一個微信群。在這個群公告上，寫著大家可以對奢侈品進行交流分享，也可以一起約著去喝下午茶，還有機會結識社交平台上面擁有百萬粉絲的博主，更有機會結交金融鉅子，跨進另一個精英圈子。

表面上看這也沒什麼，深入了解之後就會發現這個群公告只是一個偽裝，其中隱含的真相是每個人只需要花費人民幣八十五元，就可以享受一頓上海頂級酒店的下午茶，前提是這個下午茶只能拍照不能吃。除了下午茶，人民幣三千元一晚的酒店也只需要花上人民幣兩百元就能住進去，還可以穿著浴袍在落地窗前拍一張歲月靜好的夜景。對於她們來說，吃不吃、睡不睡並不重要，重要的是拼團地點的定位和社交平台上的名媛人設。

明明只是一群普通的女孩子，透過多人拼單，然後拍照在小紅書、微信朋友圈等社交平台上發布，硬生生為自己打造了一個生活在名媛階層的人設。

姑娘們假裝自己在精緻的「上流社會」生活，以為時間一久，就真的和普通人有了雲泥之別。實際上，她們當中很多人在日常生活裡都是能省就省的普通老百姓。理想和現實之間、正在做的和想做的之間，往往隔著一道鴻溝。

其實，這就是典型的由使命偽化導致的「內捲」思維，對理想無限關注、保持渴望，這沒有錯，她們錯在了把時間和精力都消耗在「造假」上。有拼單假裝名媛的時間和精力，不如努力奮鬥，提升自己。在生活中，這種偽化的使命幾乎無處不在。

現在，有一些年輕人的活法很有個性，看上去充滿矛盾。比如，他們熬夜玩手機，再為了祛黑眼圈塗昂貴的護膚品；他們在喝冰啤酒的時候，會往酒杯裡放幾粒枸杞安慰自己；在寒冬臘月穿著超薄安全褲和短裙，又受不了天寒地凍而在安全褲裡貼暖暖包。

很多人一邊「理直氣壯」地傷身體，一邊瘋狂養生自我安慰，造成的結果只能是惡性循環。

而這種惡性循環的產生，正是因為偽化效應的存在。這種偽化，讓很多人處於迷失狀態，日常生活裡除了離譜、不切實際，還充滿了各種矛盾。

為什麼會出現這種矛盾？

思想利益與現實利益完全扭曲

中國家庭教育一直存在著一個「怪圈」：一方面，父母都心疼孩子，不希望孩子太累，希望他們能快樂成長，不願意讓孩子被各種才藝班、補習班剝奪原本快樂的童年；另一方面，如果班裡的某個孩子因為上才藝班或補習班成了「神童」，那麼就會形成一個以「神童」為中心、呈圓形向外擴散的圈子，在這個圈子裡，每個家長內心的焦慮都會隨著競爭的愈加激烈而逐漸放大。

在杭州某個高檔的社區裡，幾乎看不見有孩子們玩耍的身影，住在這裡的孩子們的課外時間都被各種補習班占滿了。社區內的家長會定期組織「社區奧數賽」，募資經費設置獎品；這些家長還定期帶領孩子進行「夜跑活動」，有的家長還為此訂製了印有「古有孟母三遷，今有為兒夜跑」字樣的夜跑專用瓶裝水。除此之外，社區家長們還會經常組織英語打卡等線下主題活動。

透過這些活動及陸續建立起來的數個「孟母群」，整個社區開始抱團育兒，本來互不相識的家長為了孩子湊在一起組成了「家庭教育共同體」。

更加讓人咋舌的是，在這種瘋狂學習的壓力下，有的孩子還會在剛結束一門才藝班之後，便主動催促父母繼續報其他的才藝班。

有網友在了解這件事情後調侃道：「父母們不是坐在孩子身邊鼓勵他熱血學習，就是透過窗戶看孩子上才藝班；而孩子們不是在上補習班，就是在輾轉去上補習班的路上。」

為人父母，自然想讓自己的孩子快樂成長，當初想要孩子幸福一生的人，現在卻給了孩子一種感覺不到幸福的壓力，把孩子們變成了「競爭式學習」的「陀螺」。

我在這裡提到這個問題，並不是要否定或者批判這些家長的做法。正如我在前面提到的，在盲從和「內捲」之下，其實也包含著父母對孩子真摯無私的愛。在我看來，產生這種現象的核心原因在於中國人口眾多，而優質的教育資源相對很少。也就是說，能夠讓孩子過上父母期待的好生活的管道太少，因此為了孩子的美好未來，父母有時候也只能無奈妥協，成為「內捲」中的一員。

有沒有什麼辦法能夠幫助這些家長呢？其實，這個問題也不難解決，最關鍵的一點就是要改變觀念。正如我們在前面探討過的那樣，**孩子未來能不能幸福，跟學習成績好不好、能不能考上名校並不能畫等號**。而且，還有一點非常重要，那就是很多家長認為事業有成、有錢有勢的才是成功人士，這種理解和定義過於狹隘和片面了。成功是相對的，不同的人有不同的標準，有人認為有錢有勢才是成功，也有人認為做了一件自己想做的事並且做得很好也是一種成功。我們不要被狹義的理解「挾持」。

如果能夠在這些觀念上有所改變，或許家長就不會再逼著孩子去走那座「獨木橋」，非要進五百強企業了。換一條路去走，換一種不同的就業方式，或許前途會更寬廣。

其實，不僅在家庭教育領域，在社會生活的其他方面，也廣泛存在著思想以及現實的撞擊。

一九八〇年代出生的攝影師范順贊曾拍過一組名為「現實給了夢想多少時間」的照片。在這組照片裡，每張照片上都存在著某些不合理的地方：一個男人上身穿著乾淨帥氣的飛行服，下半身卻挽著褲腿兒，手拿扳手在修理自行車；一個小女孩戴著皇冠穿著粉色公主裙，腳上卻穿了一雙舊拖鞋，旁邊放了一張寫滿字的紙和裝了零錢的破碗；一位年輕的媽媽抱著孩子比著剪刀手站在上海外灘的背景前，下半身卻圍了個舊腰包，地上擺著各種正在兜售的小玩具。

類似照片還有很多，這一組記錄著「上半身理想、下半身現實」的照片刺痛了許多人的內心，引發他們開始思考：究竟理想的生活是什麼？

有的人一門心思想要實現財務自由，有的人嚮往「松花釀酒，春水煎茶」的悠閒生活，也有的人只想出去走走，去見見中國的大好山河。現實是，這個世界上絕大多數的人，都在過著和照片中「下半身」一樣的生活。

很多人不僅心中有夢想有憧憬，現實中也沉浸在美好的憧憬裡，然後一點點被腦海中光鮮的「上半身」所迷惑了，忘記了自己其實是生活在「下半身」的現實中，這同樣是使命偽化造成的一種「內捲」。這些人只有從「上半身」中得到激勵和啟發，用努力奮鬥去改變自己的「下半身」，理想才有可能真正實現，同時也可以避免陷入「內捲」的泥潭。

說到這裡，我想到了越王勾踐。從吳國回到越國之後，勾踐害怕自己貪圖舒適的生活而消磨了報仇的意志，選擇了「臥薪嚐膽」的生活。勾踐的這種選擇，其實就是在時刻提醒自己，雖然現在自己是越王，但實際上還活在「下半身」裡。只有保持奮鬥之心，將來才有機會一雪前恥。

其實在現實生活中，理想和現實不僅反差巨大，有時候還會轉換成相互碰撞的思想利益和現實利益，明明想要的是A，做出的選擇卻是B。與此同時，這個A與B之間的關係，也常常是對立的。

《奇葩說》是一檔屢上微博熱搜的電視節目，每期的辯題都能引發網友熱議，辯手們更是金句頻出。比如有一期節目的辯題是「年紀輕輕『精緻窮』，我錯了嗎？」。其中反方辯手許吉如說了一句話：「生活很苦，精緻是哪怕吃土，也要吃巧克力味兒的，讓自己心裡好受一些。」這句話很快就登上熱搜，各種轉發評論蜂擁而至。

世界上沒有任何一種物質上的精緻是不花錢的，往往越精緻花的錢就越多。對於普通大眾來說，想要過得更「精緻」，只能選擇超前消費，可即使實現了願望，內心也只能得到短暫的滿足，時間一長，很容易讓人懷疑自己，並開始慢慢不接納自己的「精緻窮」。

只一味追求物質精緻，會讓人內心匱乏。過度追求物質享受，會讓人的心理扭曲，變得迷失和盲目。

每個人的人生之所以不同，區別就在於：你是想活給自己看，還是活給別人看。

06 人們深陷「內捲」困境的三大因素

透過前文的分析，相信大家也都看到了，「內捲」已經真真切切地席捲了我們這個社會。既然「內捲」已經無處不在，那是不是說大家都已經意識到這個問題，並開始積極應對了呢？很遺憾，事實並非如此。

事實上，現在整個社會對「內捲」的認識還停留在「看客」的層面，意識到了這個問題並開始積極想辦法應對的只是極少數人。對於絕大多數人來說，他們要不就是壓根沒意識到這個問題的嚴重性，要不就是覺得無所謂，在他們看來，反正整個社會都是這個樣子，自己也沒有能力改變，隨大流生活就行了。

如果說沒有意識到「內捲」的嚴重性而不自知尚可理解，既然意識到了這個問題卻依然無動於衷，就讓人覺得很費解了。為什麼人們會深陷「內捲」之中而無法自拔呢？在我看來，主要有以下三個原因。

為囚徒困境所困

心理學領域有一個理論叫「囚徒困境」，相信很多人都有所了解，主要講的是兩個囚徒之間的心理賽局。

兩個共謀犯罪的人被抓進警察局，分別被關在不同的屋子裡接受審訊，無法互通。員警知道兩個人有罪，只是苦於缺乏證據，於是想了一個辦法。員警分別告訴他們：如果他們兩個人都不認罪，最終會各獲刑一年；如果兩個人都認罪，最終會各獲刑八年；如果其中一個人認罪，一個人不認罪，那麼認罪的人會被釋放，不認罪的人則會獲刑十年。

就這樣，兩個囚徒都面臨著兩種選擇：認罪或不認罪。看上去無論對方如何選擇，對於自己來說最好的選擇都是認罪：如果對方不認罪，自己認罪就會被釋放，不認罪就會獲刑一年；如果對方認罪，自己認罪會獲刑八年，不認罪則會獲刑十年。最終，兩個囚徒都選擇了認罪，結果雙雙獲刑八年。其實對於他們兩個來說，都不認罪才是最好的結果。可是，人都是趨利避害的，在這種情況下，做出的都是對自己最有利的選擇。囚徒困境反映出的更深刻的問題是，理性的人往往更容易作繭自縛，或者損害集體的利益。

這和本書討論的「內捲」有什麼關聯嗎？不僅有，而且關係非常密切。正常來說，人們的思維方式都是習慣於從自身利益出發，這時候為了自身利益，絕大多數人都會選擇配合和順從，正如案例中兩名囚犯都做出了坦白的決定。正是這種在他們看來對自身更有利的做法，才是對雙方都無益的，而且導致了即使身在「內捲」之中，卻不想掙扎或反抗的現象。

無法突破自我實現的需求

馬斯洛需求層次理論（Maslow's Hierarchy of Needs）把人的需求分成了五個層次，從下到上分別是：生理需求、安全需求、社交需求、尊重需求、自我實現需求，如圖 2-1。

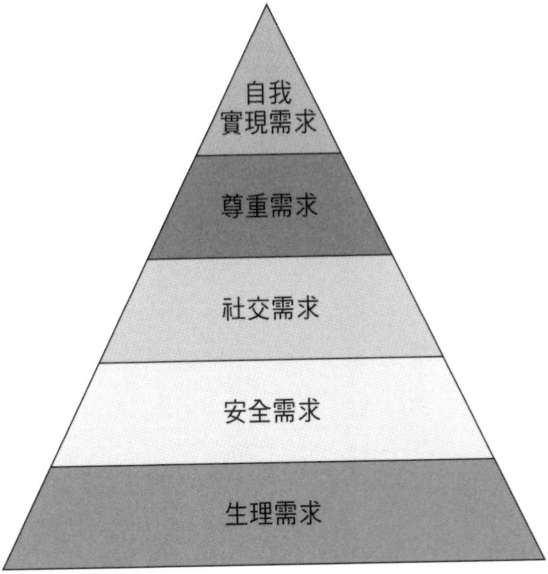

圖 2-1　馬斯洛需求層次理論

大多數人研究馬斯洛的需求金字塔，都是從這一理論在生活或工作中的應用開始。我們以工作為例進行說明。

- 生理需求——為了過上更好的生活，想多掙錢。
- 安全需求——想在一個相對安定的工作環境中長期工作，不想加班，不想壓力過大。
- 社交需求——想在職場中與同事、上司、客戶搞好關係，建立自己的人脈。
- 尊重需求——希望自己的工作能被承認、被讚賞，並借此出人頭地。
- 自我實現需求——希望透過工作能夠對社會做出一定的貢獻。

透過上面的例子，我們可以自行判斷內心需求在哪個層次，這樣就可以有的放矢地去努力。

我對馬斯洛金字塔的理論和應用沒有異議，而且我一直相信，當人們的需求得到滿足之後，自然會進階到頂端：認識自己的價值、追求理想、自我實現。而這也恰好與很多人的想法不謀而合：「等到實現財務自由，我就去做自己想做的事。」

然而事實上，真正實現了這一需求並把理想付諸現實的人卻是鳳毛麟角。也就是說，馬斯洛的需求金字塔遠不是我們以為的那樣簡單，而是一個線性的進階過程，能夠真正運用它實現線性進階的只是極少數人，對於普羅大眾來說，更多只能在金字塔下面四層中產生自迴圈，無法突破第五層。

怎麼來理解這句話呢？簡單來說，人們為了獲得更多的安全感，掙更多的錢，得到更多的尊重和認可，就會更加努力地工作，甚至拚命工作，但是很多時候越努力、越拚命，就越沒有安全感。更重要的是，很多時候即使你付出了更多的努力，也未必能夠收穫想要的結果，這時候就很容易陷入自我否定和自我懷疑的狀態當中。

當這種狀態形成反覆，那麼金字塔下面的四層需求都會受到負面影響，心理和身體都有可能產生問題。換句話說，絕大多數人不僅無法突破需求金字塔自我實現需求，反而會在自迴圈中產生下行的力量，危及下面生理層面的生存。

為了擺脫這種狀態，很多人就會更加努力、更加拚命地去工作。如果第五層始終無法突破，那麼人們就會陷入一重又一重的「內捲」之中。

人的「劣根性」：不在乎自己拿得少，但別人不能比我多

除了前述心理學層面的兩個原因，「內捲」之所以如此嚴重，還有一個更深層次的原因——人的「劣根性」。**其實，「內捲」在很多時候體現的都是人性的弱點**。

「不患寡而患不均」，我可以不在乎自己拿的少，但是你不能拿的比我多。你拿的比我多，我就會心理不平衡，然後我想的不是怎麼讓自己拿到更多，而是如何讓你拿得更少，或者讓你再也拿不到，人的「劣根性」就這樣一點點顯露出來的。相信很多人都聽過一個英國紳士和乞丐的故事。

在英國有一個紳士為人十分慷慨，每天上班路上他都會經過一個乞丐攤，每次碰見都會給乞丐一便士。剛開始，乞丐非常感動，每次紳士來的時候他都會連聲說「謝謝」。這件事就這樣持續了兩年時間，突然有一天，當這位紳士再次路過乞丐攤時，沒有像過去一樣掏出一便士交給乞丐。乞丐不忍了，他拉著紳士的袖子說：「我的一便士呢，你把它交出來。」紳士抱歉地說：「對不起，我失業了，從今天開始再也不能每天給你一便士了。」

沒想到乞丐聽了他的話更生氣了：「你失業是你的問題，跟我沒有關係，你要把我的一便士還給我！」

這一便士是屬於乞丐的嗎？不是。那他有什麼資格向紳士討還呢？這就是人性，原本不屬於他的東西，只是別人照顧給他的，時間一長，他就認為別人給他是天經地義的，如果不給就開始怨恨。很多時候，企業之間的爭鬥以及組織內部的爭鬥就是由此而來。

在一個新興行業內出現了一家甲公司，它比其他企業更早進入這個行業，並且依靠A業務獲得了極好的口碑，公司很快發展起來，並逐漸變成了一個集團大公司。雖然經過了多年發展，也開拓了很多個業務線，但是A業務始終是甲公司的主營業務，可以說，其他業務的構建都是以A業務為基礎的。

後來，這個行業內又出現了一家乙公司。乙公司剛開始規模不大，主營業務跟甲方雖然有重合，但是這個業務並不是甲公司立業之本的A業務，因此甲公司並沒有把乙公司放在眼裡。隨著乙公司慢慢發展起來，也開始擴充業務類別，其中就包括了甲公司的A

業務。

剛開始時，甲公司沒把這個當回事兒，畢竟它是靠A業務起家的，如今在這個領域內已經沒有敵手，一般公司的小打小鬧它根本不會放在心上。可是讓甲公司沒想到的是，乙公司在A業務上突飛猛進，只用了很短的時間就創造了很好的成績，甚至波及甲公司的這條業務線。而且在A業務的帶動下，乙公司的規模日益壯大，漸漸成為行業內為數不多的幾個巨頭之一。

這時候甲公司坐不住了，開始想方設法打壓乙公司。乙公司自然也不甘示弱，自己早已不是剛入行的新手了，發展壯大起來之後腰杆硬了很多。於是雙方就這樣開始了明裡暗裡的各種爭鬥，甚至開始相互抹黑，各種上不了檯面的手段都使了出來。

整個行業都在關注這場爭鬥的結果。這兩家公司的勝負，會對整個行業帶來影響和震動。

一些企業在面臨競爭或者外部大環境變化時，想的不是往外發展，比如去征戰海外市場，在既有格局的基礎上把蛋糕做大，而是費盡心思想辦法把對手幹掉。結果「內捲」就這樣產生了。

跳脫內鬥，向內捲宣戰

無論你是否承認，也無論你是否已經意識到，「內捲」的浪潮已經到來，它對整個社會和我們每個人的危害也已經開始顯現。「內捲」造成的各種現象告訴我們，表面的精細化、複雜化並不代表著高級或先進，很多時候那只是一種自欺欺人的假像。

對於個人而言，不斷「內捲」慢慢磨平了人的銳氣，才智和精力會被慢慢消耗；對組織或企業而言，當越來越多的人開始熱中於「內鬥」而不是提高自身能力的時候，很多資源就會被白白浪費，企業經營效率也無法得到提高，對外競爭實力會大打折扣，整個組織或企業將陷入無休無止的疲態當中。

難道我們就沒有方法逃離這樣的「囚徒困境」，停止「內捲」，停止相互傾軋嗎？答案不容樂觀。日新月異的科技發展，正在推動著社會發展的齒輪飛速轉動，我們每個人都被裹挾其中，無力抗爭。你不努力，自然會有人努力；你不珍惜機會，自然會有人珍惜機會。不努力爭取，不珍惜機會，你又談何生存？這就是「內捲」之下最真實的現狀。

那麼是不是說，面對「內捲」，我們已經無能為力了呢？也不儘然。儘管「內捲」的趨勢已經形成，我們都只是社會發展的齒輪中一顆無足輕重的塵埃，但是我們也要想辦法努力跳出這個「魔咒」，向「內捲」宣戰，不斷向外突破、創新和創造，這樣才有機會讓每個人和社會回歸到向上勃發的新常態。

那麼我們應該怎樣去「反內捲」呢？在第三章，答案即將見分曉。

第 3 章

「反內捲」六大方法，掌握先機

「內捲」的浪潮已經到來，留給我們的時間越來越少。透過本質，我們就能找到對抗內捲的方法。在這個瞬息萬變的時代，誰能快速掌握「內捲」的解決之道，率先衝破內捲，誰就有機會成為未來熱門行業的主導者。那麼，怎樣才能解決這一系列的「內捲」問題呢？

「反內捲」的六大方法，用價值觀重塑價值！

07 量身打造使命：遵循自己內心的意願

世界上沒有完全相同的兩片樹葉，世界上也沒有完全相同的兩個人。不同的出身、不同的成長環境、不同的教育背景以及不同的人生經歷，使得每個人都有獨特的性格。性格不同，其行為邏輯和發展路徑自然也不同。

雖然每個人都有選擇工作和生活方式的權利，但並不是每個人都有選擇的自由。生存的壓力、家庭的壓力、制度的壓力、傳統文化的影響，這些都會左右我們的選擇。在很多時候，很多人只能妥協，向著大眾認知的方向去塑造自己的使命和行為模式。最終，真實使命與偽化使命之間的扭曲所產生的痛苦，還是要由自己來承擔。

很多痛苦和不順，都因使命扭曲

很多中國人雖然口中喊著「逃離北上廣」，嚮往「歸居田園」的生活，卻又囿於生活的壓力，為了更優厚的薪資待遇和便利的物質條件而留在了大城市。

在現實當中，不能遵從內心意願的人有很多。自己內心嚮往的生活和大眾認知的生存方式不一致，但還是會選擇後者。

中華人民共和國民政部發布的《二〇一九年民政事業發展統計公報》中的公開資料顯示，二〇一九年中國依法辦理離婚手續的夫妻高達四百七十萬一千對，比二〇一八年成長了五．四%，離婚率為三．四，比二〇一八年成長〇．二。在所有離婚夫妻當中，九〇後的年輕夫妻占據相當大的比重，中國人口調查機構的調查資料顯示，九〇後人群的離婚率高達五六．七%。而離婚的主要原因有三種：第一是性格不合，第二是「閃婚閃離」，第三是「喪偶式育兒」。

為什麼年輕人的婚姻如此多災多難？關於這個問題，我們可以到年輕人婚姻的源頭去尋找答案。

二〇一九年，中國青年網、「青春有約」聯誼交友平台聯合婚戀平台珍愛網和深圳大學社會學研究院，針對中國九〇後青年婚戀觀進行了一次抽樣調查。調查結果顯示，雖然超八成（八六．二八％）的單身男女對自己目前的單身狀態表示不滿，渴望改變，同時願意付諸行動來改變現狀，但脫單的主要動力除了自身對婚姻生活的嚮往（五四．五五％），還有很大一部分人是因為父母催婚的壓力（四五．五二％）而選擇告別單身。

也就是說，很多年輕人，自己可能並沒有做好步入婚姻的準備，就在父母的催促和壓力下而成家。這種被動產生的婚姻，可想而知會存在隱患。為什麼會性格不合？為什麼會出現「閃婚閃離」和「喪偶式育兒」的情況？我想是因為很多年輕人只是做了父母想讓他們做的事情，並沒有遵循自己內心的意願。

這種心理層面的需求與現實之間的背離，我稱之為「使命的扭曲」。我相信，每個人從出生開始都帶著自己的使命，有人適合田園牧歌的生活，有人從小就想好了要自在一生，強迫他們過大眾認可的生活很可能會產生負面的後果。

之所以這樣說，並不是我在鼓吹「歸園田居」和「獨身主義」，也不是想要論證在小城市安家和在大城市打拚究竟哪個更加合理，更不是為了解釋聽從父母的意見成家立業和堅持獨身主義哪個更加正確。我只是想要告訴大家，能夠遵循內心的意願去生活固然是好的，只是也不要過於強求，畢竟夢想與現實之間的差距是真實存在的，很少有人能夠繞過這一關。道理雖然大家都懂，但是有些人還是難免會陷入痛苦當中。

痛苦從何而來？從陷入「內捲」的無奈中來，正所謂「外利有限，狹窄競爭」。大多數人都在同一條跑道上激烈地競爭和對抗，所有人都認為一個有出息的年輕人應該到大城市去打拚，所有人都覺得到了適婚年齡的年輕人應該成家，很少有人思考，在這條約定俗成的道路之外，是否還有另外一條更適合自己的路徑。

正視自己內心的使命追求，從心出發去建構自己的行為準則，即便沒有外界的驅動力也依然堅定，這樣才能找到並實踐真正適合自己的道路，有效地避免陷入「內捲」的旋渦當中。我將這個定位使命、實踐使命的過程，命名為「量身打造使命」。

說到量身打造使命，我想起了阿里巴巴前執行長衛哲在混沌商學院講課時，提過的一個阿里巴巴案例。

當時，阿里巴巴有很多員工都在加班，為了解決這些加班員工的晚飯問題，公司決定給他們免費提供便當。後來公司的行政人員發現，晚上加班的員工越來越多，而其中有很大一部分是為了蹭這個免費的便當。於是行政人員想到了一個辦法——想要獲得晚上的免費便當，需要進行相關的申請，還要經過申請人直屬領導的審核。結果呢？每天晚上吃便當的人果然少了很多，其中包括很多真正在加班的人。

為什麼會出現這種情況呢？正是因為阿里巴巴的行政在這件事情上犯了使命偽化的錯誤，出現了「內捲」。便當的使命是什麼？是讓加班的人不用再訂餐，沒有後顧之憂地安心加班。可是行政弄了一套繁瑣的申請、審核程式之後，加班的人都覺得很麻煩，不想在這上面浪費時間，於是乾脆就不去吃了。原本，行政是想利用這個方法把那些蹭便當的人擠掉，結果卻把真正需要便當的人拒之門外。

最後阿里巴巴是怎麼解決這個問題的呢？方法就是量身打造使命。阿里巴巴解決的不是便當的使命，而是加班這件事的使命。加班的使命是什麼？自然是為公司創造更多的價值，同時也體現自己的價值。於是，阿里巴巴就把加班這件事的使命確定下來了。這個使命意味著，阿里巴巴把所有的員工都當成了自家人，大家加班都會有免費的晚餐。反過來，所有員工也都應該把阿里巴巴當成自己的家，為這個家不斷創造價值。在這個真切的使命的引導下，很多假加班的人慢慢意識到了這個問題，蹭便當的人越來越少了。這就是量身打造使命的作用所在。

正視內心的追求，定位真正的使命

正如上文所說，「量身打造使命」的第一步，就是要正視自己內心的追求，定位自己真正的使命。雖然聽起來容易，畢竟每個人的使命都是切實存在於大腦和思維當中的，但實際上並不簡單，因為我們總是要平衡內心使命與現實需求之間的矛盾。

有的人之所以會陷入「使命偽化」的陷阱，是因為並不了解自己的使命，只是下意識地把一些別人（比如父母、老師等人生當中重要角色）加給自己的定位，當成了自己的使命。這種情況相對來說比較容易解決，隨著生活經驗的累積，即使他們不去刻意地探尋內心深處的需求，也會自然而然地發現自己真正的使命。

更多的人，雖然從一開始就能夠清晰地認識到自己的使命，但不願意正視它。在實際生活中，更是假借使命之名，做出一些與使命不符的事情。

我們前文提到的「天價聘禮」這件事，本質上就是父母使命的偽化。父母都希望孩子在結婚之後能夠幸福，為了確保孩子婚後幸福，讓他們的另一半提供一些證明也無可厚非，而索要「天價聘禮」無疑是一種本末倒置的做法。

良好的物質條件、衣食無憂並不代表生活就一定會幸福。對於很多年輕夫妻來說，是否擁有幸福感，物質條件只是一方面，更多的是來自三觀相契合、興趣相投之下的情感連接。

幸福比聘禮更重要，雖然這個道理大多數家長都明白，但就是沒有辦法貫徹自己的使命，為什麼會出現這樣的情況呢？主要還是外界的壓力所致。因為人們習慣於透過物質條件判斷別人的生活品質，所以為了彰顯自己的孩子擁有一份幸福的婚姻，一些父母才會對聘禮有著過高的要求。

想要正視自己內心的追求，定位自己真正的使命，我們首先要學會和傳統的思維模式

抗爭。不要被外界資訊所干擾，堅持自己認為正確的事情，而不是跟風做出從眾的選擇。

堅持實踐正確的使命

「量身打造使命」說的不單是我們要找到自己真正的使命，更是強調我們要在實踐中實踐自己的使命。使命本身只是一種存在於大腦和思維當中的認知，只有透過實踐，才能將其轉化為現實。

就像我在前面所說的，為了避免使命偽化，我們必須學會與傳統的大眾認知進行對抗，而最好的對抗方式，就是將我們認為正確的事情，從認知轉化為現實，用實際效果，來證明使命的正確性。

所謂實踐自己的使命，說得簡單一些，就是我們要做和使命相匹配的事情。

舉個例子，酣客成立之初，就堅持要做好酒。我們恢復了傳統的古法製麴工藝，開創了半罐即續勾、每次續勾都要靜置半年以上的先例，雖然延長了產品的生產週期，但保障了產品的品質。這也是我們敢於和行業內成名已久的醬酒品牌進行盲品質量測試的原因。

為了確保產品品質，我們在業內提出了不添加一滴香精、不添加一滴工業酒精、不添加一滴劣質酒的法律承諾。同時，我們還承諾全年對粉絲無死角開放生產基地，歡迎粉絲和消費者隨時監督。每一個購買酣客產品的消費者，都可以拿著我們的產品到專業檢測機構進行檢測，只要檢查出產品當中存在香精、工業酒精、劣質酒，酣客需要承擔法律責任。之所以做出這樣的承諾，就是為了透過消費者的監督，倒逼自己對產品品質進行嚴格的管控。

我們甚至要求各地的酣客酒窖、酣客公社以及公司的所有管理者，在公開場合必須飲用酣客自己的產品。換言之，酣客產品的第一批消費者，永遠都是酣客自己的員工或者粉絲。這樣一來，除了外部的監督，內部員工也會為了自己而對產品進行嚴格的管控。

為了保證產品的品質，對於可能會對產品品質產生影響的包裝材料，我們也會進行專業的挑選。酣客酒瓶、瓶塞等直接與酒體接觸的部件，選用的都是最環保、最安全的食品接觸級材質。外包裝的紙箱、套筒、紙托也都是採用的環保級別最高的原料。雖然在一定程度上增加了產品的製作成本，但為了保障產品的品質，我們願意承擔這些支出。

對於企業來說，使命不是牆上的標語，而是刻在骨子裡的堅守。確定了自己的使命，就要堅持按照實現使命的方向設計發展策略和經營模式。只有這樣，企業才能將使命轉化為現實。

「實踐是檢驗真理的唯一標準」，我非常認可這句話。所謂真理，在經過驗證之前，也不過是個假設。而驗證這個假設是否合理，最簡單也最有效的方式，就是實踐。同樣的道理，在得到實踐之前，我們也不知道使命是否真切。只有透過效果的回饋，我們才能確定它是不是值得我們為此奮鬥一生。在實踐使命之前，還有個非常重要的前提，那就是這個使命必須是我們自己認可的。否則，無論實際實踐結果如何，實踐過程都失去了意義。

比如，酣客的使命之一是打造好酒。之所以會確立這樣一個使命，是因為我們從一開始就知道，純糧釀造的醬香型白酒天然就比勾兌的濃香型或者清香型白酒更加優質。因此，酣客從創立以來，就從來沒有焦慮過，因為我們知道自己的使命是正確的，沿著這個使命前進，公司就可以盈利。

堅定地實踐正確的使命，才能對抗「內捲」的侵擾。

即便沒有外部動力，仍要不斷實踐使命

在前文中，我們已經提到使命需要實踐，才能彰顯價值。在實際的經營工作中，很多企業對於使命的實踐，是在外部因素的推動下才得以實現的。

以酣客為例，我們為什麼那麼積極地實踐打造好酒這種使命呢？是因為沒有這種高品質的產品，我們很難和行業內很多成名已久的品牌相抗衡。比如華為，為什麼要樹立「以奮鬥者為本」的使命，並拿出大量的資金和股權激勵員工？現在國內通信領域的頂尖人才十分少，沒有豐厚的待遇和廣闊的發展前景，很難吸引優秀人才加盟。

說到這裡，請大家來思考一個問題，如果企業進入所謂的「無憂黑海」，獨占一整個細分品類，在這種情況下，企業還會實踐自己的使命嗎？

對於酣客和華為來說，這是一個不成立的問題，因為酣客所處的白酒行業和華為所處

的通信行業，都屬於競爭激烈的領域。我們沒有進入「無憂黑海」，不知道在這種情況下，企業會發生什麼樣的轉變。

從其他眾多企業發展的歷史來看，大多數進入無競爭領域的企業都失去了繼續實踐使命的動力。然而，從實踐使命的角度來說，即便是在無競爭的環境下，企業也要保持積極實踐的狀態。因為在激烈競爭的市場環境中，不知道什麼時候，一些其他行業的企業就會跨界轉型到你所處的行業中，成為你的競爭對手。更何況，我們實踐使命的最終目的是要完成這種使命，如果因為沒有外部競爭就不再進步，那麼這個使命自然永遠無法達成。

對於企業來說，即便是在無競爭的環境下，也要牢記使命，並孜孜不倦地實踐。

舉個例子，麵粉是主要糧食，但估計很少有人關注麵粉的品牌，其實中國五得利麵粉是一個市占率巨大的隱形冠軍。五得利是排名世界第一的麵粉品牌，裝機容量每天可達四萬五千噸，遠超第二名美國阿徹丹尼爾斯米德蘭公司（Archer Daniels Midland Company, ADM）的兩萬七千噸。從中國市場來看，五得利的市占率超過排名第二的外資企業益海嘉里（金龍魚）和排名第三的中國國企中糧集團的規模總和。

雖然很多人都吃過五得利麵粉製作出來的麵點，但很少有人關注這個品牌名稱的含義。所謂五得利，就是五方得利的意思。

第一是客戶得利，指的是向客戶提供質優價廉的麵粉和優良周到的服務；

第二是農戶得利，面向農戶，企業用較高的收購價，隨到隨收、現金交易；

第三是員工得利，向員工提供較高且穩定的工資和福利、較多培養和升遷機會以及舒適的工作環境；

第四是國家得利，也就是法定的稅費收入；

第五是企業得利，這點依靠大規模、先進的設備技術和精心又嚴格的管理得以實現。

將企業的使命融入品牌當中，讓員工一來到公司就能牢記自己的使命，即便沒有外力的驅動，企業也能一直延續自己的使命，為客戶、農戶、員工、國家創造利益，同時也為企業創造收益。五得利能夠始終保持輸出高品質的產品，屹立在麵粉品牌的頂端，很大程度是因為堅持實踐正確的使命。

五得利的價值感非常樸素，又非常真切，這其實也說明了使命本身沒有優劣之分。如果一定要做成一件事，那麼我認為優秀的使命就是比較真切的事。**而量身打造使命，就是讓我們清晰地認識到自己的使命，並且不斷實踐，從而幫助我們正心明性，避免使命扭曲或者偽化，「從心」開始解決「內捲」。**

08 價值前瞻：創新要超越產業，超乎想像

人到中年，隨著閱歷的豐富，我越來越覺得「熟悉」其實是一種非常可怕的力量。因為「熟悉」，我們會對很多事情失去激情與嚮往。小的時候，我會因為日食的出現而充滿好奇心，即便被灼灼日光照得睜不開眼睛，還是會想盡辦法觀察太陽。現在，因為見得多了，所以即便是獨特的天文現象也很難引起我的好奇心，有時候相關的話題甚至都不能成為茶餘飯後的談資。

對於企業來說，也存在類似的現象。為什麼很多耳熟能詳的品牌、家喻戶曉的產品悄無聲息地消失了？原因很簡單，相對於過去的傳統產品，現在的消費者更青睞新鮮、潮流的產品。也正因如此，現在的企業才會在產品的創新方面投入大量的資源和精力，剛剛推出一款新產品，就急匆匆地投入到下一輪的產品開發當中。

雖然大多數企業都在求新、求變，但市場上同質化競爭反而愈演愈烈。為什麼會出現

這樣的矛盾呢？除了我們之前提到的經營者同思化、同哲化，經營者對創新的錯誤認知也是重要的原因之一。

沒有顛覆，就沒有創新

和很多經營者溝通後，我發現了一個非常有趣的現象，大家都了解創新的重要性，也都會在企業的發展策略中加入創新的內容，而經營者對於創新這件事情的標準卻有截然不同的看法。

有的人認為創新就是「推陳出新」，在原有的產品或者服務的基礎上，增加一些當下潮流的因素，進而打造出新的產品。這種低成本的「創新」行為，在零售行業十分常見，比如巧克力類產品，雖然常常會推出新款，但基本上是更換一個與當下時令或者節日相關的外包裝，包裝裡面的產品，還是原來的口味。

有的人認為僅在原有產品的基礎上進行變化，只能稱為更新，並不是創新，真正的創新是要對產品進行全面的「升級更新」。比如智慧手機廠商就非常熱中於產品的更新，每當出現了一種新的技術，或者新的重要零配件，手機廠商很快就會開發出搭載這些技術和配件的機型。

其實無論是「推陳出新」還是「升級更新」，在當前這個時代都不是真正的創新。「推陳出新」改變的只是產品的外在表現形式，充其量只能算是「新瓶裝舊酒」；「升級更新」出來的產品雖然使用了全新的技術或者配件，但依然沒有脫離時代和市場的限制，其他手機廠商同樣可以使用這些技術和配件推出類似的同質化產品。換句話說，無論是「推陳出新」還是「升級更新」，都沒能真正打破行業的「內捲」。不夠獨特，怎麼能稱得上「新」呢？

真正的創新，在我看來，應該是約瑟夫·熊彼特（Joseph Alois Schumpeter，美籍奧地利政治經濟學家，著有《經濟發展理論》〔*Theory of Economic Development*〕一書）和克雷頓·克里斯汀生教授（Chayton Magleby Christensen，美國哈佛大學管理學教授，著有《創新者的兩難》〔*The Innovator's Dilemma*〕一書）筆下，**能夠打破行業規則，顛覆行業限制，打造前所未有產品的「破壞式創新」**。

現在市場上，顛覆人們對某一行業的固有認知，打破行業局限的破壞性產品有很多，比如重塑了交通服務行業的網約車。我們來看看其中的代表企業——D平台。

過去我們想要乘坐計程車去某個地方的時候，需要在路邊等待，直到有計程車路過，我們再招手攔車。這種路邊等車的方式，看似簡單便捷，其實存在很多問題。通常在人口密集的住宅區和商業區打車會比較方便，在一些相對偏僻的地段打車就比較難了。

D平台的出現改變了這種情況，它將交通服務與網路結合在了一起。透過App，使用者可以提前預約交通服務，節省路邊等待的時間。

D平台還打破了原有的行業規則，將私家車資源整合進了交通服務的行列當中，極大地增強了平台的服務能力。雖然D平台自己沒有一輛計程車，但可以調動這些私家車資源，為使用者提供多樣化的服務。我們現在打開D平台的軟體，會發現除了計程車，還有快車、特惠快車、專車、拼車等不同的選項。消費者可以根據自己的需求，選擇合適的交通方式。

作為破壞式創新的產物，D平台在切入市場的時候，就明白自己是很難被傳統交通服務業接受的。因此D平台非常巧妙地透過減免平台服務費的方式，吸引了大量的計程車和私家車進駐平台，隨著服務能力的提升，使用者數量也在不斷增加。

更重要的是，D平台累積用戶的過程，也是教育市場的過程。用戶習慣了D平台帶來的便利交通體驗，自然會放棄以往在路邊打車的傳統模式，而使用者轉移到了線上，計程車自然會和平台持續合作下去。因此，雖然現在有些計程車司機抱怨D平台收費越來越高，但他們還是會繼續使用這個軟體，因為沒有平台的輔助，計程車也很難接到客源。

網約車是打破大眾對交通服務想像的產品，因為顛覆，所以足夠新穎，能夠吸引用戶的目光。

說到這裡，相信大家已經明白了我為什麼認為「破壞式創新」或「顛覆式創新」才是真正的創新。在資訊爆炸的移動網路時代，消費者有無數管道去了解市場上的各種產品，他們對於產品的了解程度，超乎我們的想像。尤其是某些產品的「發燒友」，他們對於產品的前瞻性把握，甚至要強於企業的經營人員。

對於清楚掌握產品特性、了解產品發展走向的消費者來說，「推陳出新」或者「升級更新」都不足以讓他們產生驚喜的感覺，只有具備顛覆性和破壞性的全新產品，才能讓他們眼前一亮，重燃好奇心。

打破規則，需要挑戰傳統的勇氣

顛覆原有行業的規則，打破原有行業的傳統理念，聽起來容易，在實際的操作中，其實困難重重。

首先，絕大多數的中小企業不具備制定規則的能力，換言之，我們是在行業龍頭所制定的遊戲規則中生存。顛覆傳統，打破規則意味著對行業領先者的挑戰，即便你設想的創新方向是正確的，在大環境和資本的壓力下，變革也很難完成。

其次，在既定的規則之下，其實是各種基礎設施的支撐。比如，各大電商平台的訂單數量飛速成長，背後是雲端運算水準的普遍提升；物流行業的快速發展，離不開道路建設和多樣化交通方式的賦能；外賣行業的高效崛起，背後是智慧配送系統和龐大配送團隊的支撐。想要改變規則，企業必須具備能夠支撐新規則、新業務落地的技術、系統、團隊等基礎設施，而這些，恰好是多數中小企業所欠缺的。

雖然行業規則限制、基礎設施建設能力缺乏會讓創新工作難上加難，但畢竟沒有阻斷我們創新的路徑。現在很多企業，面對這種環境，還沒有嘗試，就主動退縮了。

這種臣服規則、放棄創新的現象，不只發生在企業的經營過程中，在日常生活當中也同樣存在。還是以教育這件事為例，有很多人雖然認為應試教育存在很大的弊端，但還是會把孩子送到學校去學習、考試，鼓勵並教育他們要考上一個好大學。

為什麼人們的想法和行為會自相矛盾呢？因為我們生活在這個社會當中，就要遵守這個社會的規則，沒有學歷，意味著孩子未來很難找到一份穩定、高薪的工作；沒有知識，在這個社會上將寸步難行。

規則是既定的，而打破規則是需要付出代價的，企業和個人面對這種困難重重又風險極高的事情，會失去創新的勇氣，也情有可原。

任何一個行業都需要「第一個吃螃蟹的人」，這樣行業才能持續發展，社會才能不斷進步。如果沒有蘋果推出顛覆式的智慧手機產品，我們現在可能不會享受到如此便利的移動互聯生活；如果沒有支付寶推出顛覆式的手機支付方式，我們現在可能還只能使用現金支付。沒有這些顛覆式的產品，我們今天的生活可能會是另外一個樣子。

有時，企業需要具備「冒天下之大不韙」的勇氣，敢於打破規則，顛覆傳統，才能找到創新的方向。

當初，阿里巴巴在決定開發自己的雲端運算技術的時候，遭遇了非常大的阻力。一方面，阿里巴巴自身並沒有雲端運算方面的技術基礎，從零到一需要長時間的持續投入和資源支持，而且還存在開發失敗的風險。

另一方面，當時無論是國際市場，還是中國市場，都已經出現了一些能力相對完備的雲端運算服務公司，只需要購買服務就可以獲得這方面的支持。在阿里巴巴雲出現之前，阿里巴巴也是採用外部採購的方式來支撐平台的運作，而且阿里巴巴內部很多電商業務相關部門都已經習慣了這種規則，不想去打破。

即便阻力巨大，公司高層還是力排眾議，毅然決然地開啟了這次業務創新。而之後發展的事實也說明了，如果不是公司高層「冒天下之大不韙」去組建團隊，開發了雲端運算技術，天貓、淘寶等電商平台在之後的發展中，就可能會因為平台運算能力的限制而陷入停滯，更無法創造「雙十一」、「雙十二」購物節期間舉世矚目的銷售奇蹟。

透過阿里巴巴的案例，其實不難理解，有的時候真理就是掌握在少數人手中。作為企業的經營者，你不能因為自己的想法與行業現行的規則和傳統不一致就質疑自己，而是要去大膽地嘗試，然後小心地求證。

看到人類與市場的未及之處

創新始於思想，最終還是要落在實際的經營中，才能為企業創造價值。我們不僅要具備「冒天下之大不韙」的勇氣，還要學會破壞式創新的方法。

現在市場上存在很多關於創新的說法，比如前文提到的「推陳出新」和「升級更新」，這些方式都不足以真正顛覆一個行業，打破傳統。真正的顛覆式創新，或者說破壞式創新，需要的是價值前瞻的眼界和思維高度。

所謂價值前瞻，簡單來說就是想到人類前面，想到市場前面，看見人類與市場未及之處。只有你的目光夠長遠，設計、開發出來的產品才能超乎人們的想像，給人驚喜，讓人們產生新鮮感。只有這樣的產品，才能顛覆一個行業，讓企業擁有「反內捲」的能力。

如今在中國市場上，很多行業內部都出現了所謂「新國潮」的消費熱點。過去流行舶來品，現在消費者對於具備中國特色，有鮮明民族特點的產品產生了濃厚的興趣。

在所謂的「新國潮」到來之前，酣客就預感到未來可能會出現這種趨勢，我們很早就開發出了極具民族特色的「半月壇」。在設計酒瓶的時候，我們借鑒了國畫的水墨意境，素淨的白色瓶體上搭配醒目但不突兀的黑色字體，符合中國人的傳統審美。同時，我們還應用了留白的技巧，在半圓體的酒瓶上留下了大量空白的地方，供消費者題字、作畫。為了讓消費者可以更方便地在「半月壇」上書寫，我們使用了「陶土瓷燒」的製作工藝，燒製出來的產品，雖然表面沒有光亮的釉質，但質地和瓷器一樣細膩，既解決了墨跡在瓷釉上不宜停留的問題，又保證了酒瓶的堅固程度和握持手感。

在酣客內部，我們把「半月壇」定義為「藝術醬酒」，很多藝術家和崇尚藝術的消費者都很喜歡這款產品，很多人會在「半月壇」上題字作為收藏品。

一些細節的調整，一個簡單的設計，只要能夠價值前瞻，就可以令產品價值倍增。現在的消費者，不僅願意為產品買單，也願意為了情懷和新鮮感買單。

除了「半月壇」，酣客的領先設計還有很多。比如，現在大多數人就是單純喝酒，沒想過喝酒還能和生活聯繫在一起。而酣客給粉絲做衣服，組織粉絲參加活動，這些做法自然也讓粉絲對酣客這個品牌更加認可。

除此之外，現在市場上大多數白酒廠商認為白酒這種產品不適合電商管道，一方面這是因為傳統企業在過去經驗的指導下，大多更信任實體經銷商管道，對於新興的網路管道不了解也不信任；另一方面，考慮到白酒產品的主要消費群體基本是中老年人，相對於網上購物，他們更習慣自己到門市購買。

酣客很早之前就開始布局自己的網店和 App，我們認為網路是不可逆的潮流，即便是中老年人，最終也要接受網路。果不其然，中國網路路資訊中心統計的資料顯示，截止到二〇二〇年十二月，中國網路用戶數量已經達到九．八九億，超過總人口的七〇%。其中，五十歲以上的線民數量已經達到二・六億，占線民總數的二六・三%。這個資料足以說明，越來越多的中老年人適應了網路生活。

因為社群是酣客的主體經營模式，所以出貨的管道也會依賴線下銷售，現在網店的銷售額還比較有限。但我相信，隨著品牌知名度不斷提升，越來越多社群之外的人也會認識這個品牌。到那個時候，網店的營運成為業務的新成長點便是水到渠成的事情了。

創新者引領時代，但也不能走得太快

從某種程度上說，價值前瞻就是對未來的準確預判。透過這種精準的預判，企業可以對某些未來可能需求高漲的行業提前布局，利用超前的產品啟動消費者的潛在需求，從而占據市場先機。換言之，創新者不是迎合時代，而是在創造時代。從這個角度來說，不是作為消費者的我們在享受企業創新的結果，而是企業透過創新的產品和服務，引領了我們的消費和生活習慣。

知名火鍋連鎖品牌H的創始人在創建這一品牌之前發現，餐飲企業如果不能實現規模的擴張，想要獲取持續的營收和長遠的發展，幾乎是不可能的。想要實現良性的擴張和持續的發展，標準化是不得不解決的問題，因此他選擇了用火鍋這種比較容易標準化的單一品類來切入市場。

另外一個知名餐飲品牌W的創始人看到了大眾對家常味道、精緻環境的追求，於是主打安靜優雅的就餐環境、精緻的裝潢、家具和餐具，搭配追求家常本味的菜品，既有個性，又充滿溫情，非常符合當代年輕人對理想用餐環境的要求。

有的競爭優勢是服務品質，有的競爭優勢是獨特環境，也有的競爭優勢就是極致單品策略所帶來的優質體驗。消費者會因為服務而滿意，也會因為環境而傾心，但餐飲企業發展到最後，比拚的必然是產品的品質。

企業價值前瞻式的創新，除了能夠透過產品或者服務吸引消費者，在科技發展方面也具備引領作用。

在很多技術領域，都是個別企業或個別人的超前發展帶動整個行業的進步。以前我們透過書信溝通，後來有人開始投資電話；我們還在享受電話帶來的便利時，已經有人在布局網路產業；當我們進入網路時代，又有人先我們一步，開始向行動網路領域進軍。

說到這裡，相信大家對於價值前瞻這種創新的思維方式已經有了充分的認知。只有價值前瞻，對未來形成準確的預判，才能做出創新。只有做出創新，人類才會按照提前布局的方向去發展，你才能獲取更多的收益。

不過，雖然企業需要價值前瞻的超前預判去進行破壞式創新，但同時也必須保證發現的未來趨勢或者未來熱點是可以被當下消費者群體和市場所接受的。簡單來說，就是**你可以領先於人類，領先於市場，但是不能走得太遠，否則就會曲高和寡，即便創新成功，也很難得到市場的認可**。

史帝芬．史匹柏（Steven Spielberg）導演的電影《一級玩家》（*Ready Player One*）相信很多人都看過，影片中利用虛擬實境技術（VR）為觀眾呈現了一場震撼的視覺盛宴。一提到VR，很多人都認為這是一種最新的高科技，其實不然。早在二十世紀八〇年代中期，很多企業就已經意識到虛擬實境是遊戲行業未來發展的趨勢。曾經將經典街機遊戲「小精靈」（Gremlins）和虛擬實境技術結合在一起的Virtuality公司以及被譽為虛擬實境之父的電腦科學家杰倫・拉尼爾（Jaron Lanier）成立的VPL研究公司（VPL Research）都在當時推出了虛擬實境設備。

雖然這些公司開發出了虛擬實境設備，但當時的製造業水準有限，這些裝備非常笨重，使用不便。而且，當時的軟體技術也不具備承載虛擬實境內容的能力，再加上螢幕的解析度低，因此畫面十分不穩定，甚至會導致使用者出現頭痛和噁心的症狀。最終虛擬實境遊戲沒能在那個時代發展起來，直到現在，有了基礎能力強大的硬體和處理能力極強的軟體，越來越多的公司才重新回歸虛擬實境遊戲領域。

類似的情況，還有一九九六年首次推出的網路電視——Web TV。

早在一九九六年，就有公司意識到了電視和網路可以結合在一起。一九九七年，微軟花了五十億美元收購了這家公司。儘管研發出的產品實現了網路與電視的連接，但因為當時的網路應用技術尚未發展到相應的水準，很多網路上的內容都無法在Web TV上呈現，所以使用者對這款產品的使用體驗很一般，其在市場上也沒有掀起太大的浪花。幾年之後，微軟便停止了網路電視的服務。

十幾年過去了，隨著技術水準的提升，網路電視又重新登場。這一次，這種產品徹底改變了電視製造業的經營邏輯，逐漸取代普通電視成為業界的主流。

價值前瞻是好事，透過超前的準確預判完成破壞式創新，足以讓企業打破行業桎梏，從「內捲」的旋渦中逃離出來。同時預判的眼光又不能過於長遠，如果創新的方向超出了當前行業所能承載的極限，那麼即使你的方向是正確的，設計出來的產品也未必能夠達到預期的目標。更重要的是，超出行業太多的產品，往往也會令人難以理解和接受，就如晚清時期的國人認為照相機是勾魂攝魄的工具一樣。

其實在特定的時間段裡，任何事物都有自身發展的極限，創新者雖然創造時代，但前提是創造出來的事物能被人們所接受。作為企業的經營者，不要好高騖遠，凡事領先半步，就足以讓消費者感受到新鮮與驚喜。

09 全面變革：不能只改部分，必須有配套機制

前文我提供兩個解決「內捲」的方法：量身打造使命、價值前瞻。量身打造使命是從心底解決「內捲」，即樹立真切的使命、願景、價值觀，樹立目標；價值前瞻是告訴我們，「反內捲」的本質就是要進行具有前瞻性和顛覆式的創新。

那麼，是不是做到了這兩點就可以成功「反內捲」？還不夠。雖然實現了這兩點，但企業內部還是在實行一些陳舊、保守的管理體系和制度，那麼之前所做的一切努力恐怕就白費了。

舉個簡單的例子。如今合夥人制風生水起，很多企業，尤其是一些依靠連鎖門市經營的企業都從原來的雇傭制升級為合夥人制，簡單來說就是把門市的店長和優秀員工變成合夥人。在合夥人制度下，員工不再是打工者，變成了老闆和股東，這時候他們對企業的責

任心和工作熱情就會被極大地激發出來，從而為企業也為自己創造更多的價值。

那麼是不是所有實行合夥人制的企業都獲得成功？當然不是。有很多企業雖然從雇傭制改為合夥人制，但沒有為此制定合理的薪資體系及股權管理和經營管理制度，結果在合夥人制落地的過程中搞得一團亂，不僅沒有獲得預想中的利潤成長，反而讓合夥人制拖了企業發展的後腿。

由此可見，企業在制定發展策略或進行改革時，只改一件事是不行的，與之配套的內容都要跟得上才有可能成功實行，這就是全面變革。比如在合夥人制中把員工變成老闆和股東，這就是一種差異，而想要支撐合夥人制的運轉，僅完成員工角色的轉換遠遠不夠，必須要有配套的機制支撐。**全面變革簡單來說就是跳出原來的圈子，進行自域擴張。如果做不到全系統差異，所有的改變和創新都只是紙上談兵。**

企業總部可以不只有一個

在生意場上，你想要了解對方公司的情況，或者對方想要了解你的公司的情況，大多都會問一句：「請問，你們公司的總部在哪裡？」我就經常會被問到這個問題。一般來說，碰到這個問題，大家正常回答就行了，可是每次我都要多費幾句口舌來解釋。為什麼？因為酣客的企業總部並不是一個，而是五個，分布在不同城市。

下面我介紹一下酣客的五個企業總部在哪，以及為什麼我們這麼特殊，會有五個企業總部。

生產和製造總部

我們把生產和製造總部設在茅台鎮，因為這裡是中國高品質醬酒最好的生產地。

首先，這裡的地勢適合釀造醬酒。一般來說，高品質醬酒釀造區的海拔高度在四百到六百公尺。因為醬酒在釀造過程中需要微生物的幫助，而這個海拔高度的生產環境正適合各種微生物的存活和生長。茅台鎮地勢低窪，周圍的大婁山海拔都在一千公尺以上，但在茅台河谷一帶，海拔只有四百多公尺。

其次，這裡有一條「美酒河」。「美酒河」就是赤水河，每年雨季來臨，赤水河兩岸的泥沙受到沖刷沖進河中，就會給赤水河帶來豐富而有價值的微生物和其他物質，這都是影響醬酒風味和品質的重要因素。每年重陽節過後，原本棕紅色的赤水河就會變得清澈透明，「下沙大典」也迎來了最好的時候。

最後，這裡有支鏈澱粉含量最高的紅纓糯高粱。糧為酒之本，選擇不同的高粱，就會釀出不同品質的酒。仁懷地區產出的一種紅纓糯高粱被譽為高粱中的「聖鬥士」，因為在所有高粱品類中它的支鏈澱粉含量最高，所以用它釀出來的醬酒最是醇厚。雖然其他地方也產糯高粱，但是只有仁懷當地出產的糯高粱才是真正的「聖鬥士」，即使拿種子到其他地區去種植，產出的品質也會差很多。

得天獨厚的茅台鎮，就這樣成了醬酒釀造最好的地方，因此酣客生產和製造總部才在這裡安了家。

行政和財務總部

廣東省有三個自貿區，分別是前海自貿區、橫琴自貿區和南沙自貿區。其中南沙自貿區的定位是粵港澳全面合作示範區，將被打造成為高水準對外開放的門戶樞紐。經過幾年的發展，南沙已經發生了翻天覆地的變化，正在向著高水準的國際化城市和國際航運、貿易、金融中心的方向一步步邁進，成為廣州的「城市副中心」。

南沙自貿區之所以發展得如此迅速，除了得益於國家發展策略的紅利，還與其以優惠的政策吸引了來自全國甚至世界各地的企業聚集在此密切相關。南沙自貿區給企業的優惠政策非常多，包括遷入獎勵、企業認定資助、配套扶持、辦公用房補助、網路費用補助以及針對跨境電商企業的專項獎勵等。另外，在稅收方面，南沙自貿區也給入駐的企業提供了很多優惠政策。

面對這樣優渥的條件，我們當然要把行政和財務的總部設在這裡。

倉儲物流總部

鄭州地處中原腹地，溝通南北，是京廣鐵路、隴海鐵路兩大鐵路大動脈以及京港高鐵、徐蘭高鐵兩大高鐵交通大動脈的交會點，被譽為「中國鐵路心臟」。倉儲物流，最重要的就是運輸通道，因此鄭州是最好的選擇。

傳媒中心、工業設計中心、人力資源中心及電商化營運中心

在二〇二〇年三十一省份GDP排名榜單中，廣東、江蘇和山東位列前三甲，北京僅排在了第十三位。儘管在經濟總量上北京無法跟很多省分相比，但是這抹殺不了北京作為政治、傳媒、人才中心的地位。因此，我們將傳媒中心、工業設計中心、人力資源中心以及電商化營運中心設在北京。

文化、教育及市場管道總部

山東是先賢孔子和孟子的故鄉，儒學的發源地。同時，山東人熱情好客，性格豪爽，因此山東也是酒文化最盛行的地方。我們將文化、教育及市場管道的總部設在這裡。

看到這大家應該都明白了，酣客之所以有五個企業總部，就是為了能夠利用不同地域的一些特定優勢，而這些優勢正是我們發展的根基。

產品周邊可以打出另一片天

在現代市場競爭中，產品之間的競爭在很大程度上不再局限於產品本身，而是逐漸擴展到了產品的周邊，最直接的就是已經投射到了產品的輔品矩陣上。如果說酒的品質可以依照古法用心打造，那麼打造周邊輔助產品更多的則是要依靠創新和創意了。

現代企業的競爭，很多時候不僅僅是產品本身的競爭，還包括周邊輔助產品的競爭，這也是為品牌和企業加分的重要一項。周邊輔助產品按照功能可以分為三類：「直接輔品」、「間接輔品」和「精神輔品」。

直接輔品：提升主要產品的使用價值

直接輔品很好理解，就是與主品直接相關的輔助產品，比如手機的充電器、電腦的鍵盤滑鼠、家電的遙控器。那麼，直接輔品應該怎樣打造，或者說直接輔品對於主品來說應該起到哪些作用呢？我認為主要是提升主品的使用價值，以及為消費者創造額外的驚喜。

喝酒自然離不開酒杯，酣享酒杯套裝正是酣客打造的最成功的直接輔品之一，如圖3-1。套裝內包括一個分酒器、一個活瓷握

圖 3-1　酣客酣享酒杯套裝

杯、一個酣寵、兩個聞香以及四個酒杯。這套酒杯遵循天圓地方的理念設計，造型優美，精工細作，實用性暫且不談，只看外形就足以讓人想收藏。

間接輔品：培養粉絲對品牌的忠誠度

顧名思義，間接輔品就是與主品沒有直接關聯，但同屬一個品牌之下的附產品，比如雖然小米電視和小米手機之間的關聯性並不強，但是同屬小米品牌旗下。間接輔品雖然不能像直接輔品一樣提升主品的價值，但它們也具備自己的獨特作用，比如體現企業的誠意，進而獲得消費者更廣泛的認可。

為體現圈粉文化，酣客推出了一系列粉絲專用文化品，比如酣客行李箱、酣客雙肩包、酣客服飾等，這些間接輔品培養和提高了粉絲對酣客品牌的忠誠度，也成就了酣客在行業內的獨樹一幟的品牌形象。

精神輔品：迎合粉絲在精神方面的追求

所謂精神輔品，就是一些可以滿足消費者精神需求的輔助產品。這些產品可以是有形的，也可以是無形的。無論形式如何變化，精神輔品存在的意義，就是要讓主產品迎合消費者在精神方面的追求，從而實現搶占消費者心智的目的。

為了讓粉絲更加了解醬酒，感受酣客的品牌價值，酣客打造了十分豐富的精神輔品矩陣。每一年，酣客都會舉行一次全國性的酣客節，各地區還會不定期舉辦地方酣客節，如圖3-2，可以毫不誇張地說，對於很多酣親來說，

圖 3-2　2020 年，第八屆酣客節現場（西安）

酣客節甚至比春節還要重要。

酣客每年還會不定期舉辦「醬香之旅」，帶粉絲到仁懷市茅台鎮的酣客醬酒釀造基地親身體驗釀酒的過程。一年一度的海外遊學，更是讓酣親們成長了見識，如圖3-3。FFC課程、酣客大學、酣客研究院也為酣親們學習和豐富文化生活提供了更多的平台。另外，酣客也會定期舉辦一些主題活動和賽事，比如沙漠徒步行走、高爾夫球邀請賽，如圖3-4。這些活動的目的就是豐富酣親們的業餘文化生活，同時深化品牌在酣親中的影響力。

這些輔品的打造，加深了酣親心目中酣客的品牌價值。

圖 3-3　酣客 2019 年英國遊學酣親合影

圖 3-4　2020 年酣客庫布旗沙漠徒步挑戰

深入研究，制定策略計畫

想要探究事物的真相，必須進行深入的研究。對於企業來說，就是要研究行業的趨勢、企業未來的發展方向、品牌和產品定位及深刻了解使用者需求。而要想完成這些策略層面的目標，就必須穩紮穩打。

過去在大多數人的認知裡，企業的研究院就是為了培養幹部、提升管理水準設立的。的確，酣客研究院也完全具備這項功能。酣客研究院是酣客打造的一個重要的文化工具，對內培訓員工和幹部，對外培訓粉絲及合作者，同時還向協力廠商企業家提供培訓服務。

但是，這並不是酣客研究院存在的唯一理由，除此之外，酣客研究院還負責研究行業、研究市場、研究消費者。

想要了解整體經濟環境和大趨勢，只研究白酒行業是遠遠不夠的。酣客研究院把觸角延伸到了其他多個領域和行業之中，就是為了從其他領域學習知識和經驗。

每推出一個新品牌、新品類，我們都要進行深入的研究，制定一份策略計畫書，再結合市場進行反覆論證。收藏級酣客新品「酣客留香」、酣客醬酒試管版、酣客醬酒隨身版及酣客醬酒古瓷版等產品，都是經過深入研究才推向市場的。沒有這些前期研究，我們就無法掌握行業、市場以及消費者的現狀和需求，自然也打造不出符合時代發展、順應潮流的產品。

一般企業想要了解市場現狀，會花重金請外部諮詢公司來操作。如果企業能夠進行自域擴張，打造全方位的實力，就會承接很多原本需要外部力量協助的事情，從而節省企業開銷，提升企業產出價值。

具備網路思維，重視影音媒體

行動網路時代，對於很多企業來說，打通線上線下是必行之路。雖然網路非常重要，但我們也要認識到，網路無論怎麼發展，都只是一個工具，BAT這些網路公司實際上只是「修路人」。

我們沒有能力「修路」，就要學會借助「修路人」的力量，這其中也要講求方法，如果方法不對，或者認識不夠，想要實現企業網路化將難上加難。就拿白酒這個行業來說，很多大品牌、大公司只是把網路化當成一件任務，並沒有將此提高到更高的認識層面。很顯然，他們小看了網路化的難度。

雖然很多企業都在爭相學「互聯網+」，為此也交了很多學費，學了很多東西，但說實話，傳統企業向網路化轉型還是很難的。

酣客從成立之初，就確定了是一家具有網路思維的公司。酣客不會用傳統白酒企業的思維去做品牌，而是把網路行銷人員、設計師等行業人才都彙聚到一起。傳統酒企強調的是管道和行銷，而酣客強調的是產品和客戶。酣客從創立之初就意識到了網路的重要性，並建立了自己的網路中心。截止到二〇二一年，網路中心的工作人員已經超過了五十人，而且公司層面給予的投入和支持也一直不斷加碼。

為什麼我們會如此重視網路中心的發展？因為網路與粉絲經濟和社群化營運緊密相關，而這正是酣客正在走的路。

另外，酣客的網路中心還在不斷擴展新領域。比如，我們打造了酣享 App，如圖 3-5，並已升級到了二·〇版本。我們也正在研製酣客健康手錶等一系列物聯網產品。

企業想要實現全面變革，網路化是必經之路，不僅要穩步踏入，而且要不斷投入，積極支持。

如今是新媒體、新傳播時代，得螢幕者得天下。面對未來，各行業的新品牌應該怎樣傳播？在我看來，必須打造自己的自傳播矩陣，自傳播矩陣等於免費廣告。酣客的網路基

圖 3-5　酣享 App

因在白酒行業獨樹一幟，我們不僅擁有完善且高效的自媒體傳播矩陣，同時還高度重視原創影片文化輸出，甚至打造了酣客影視基地，如圖3-6。

二〇一七年，酣客在廣州成立了文創影視基地，打造自己的影視文化工程，開始了酣客大電影的拍攝。什麼是酣客大電影？就是用全電影級的拍攝手法為酣親製作影片影

圖 3-6 酣客大電影

像。你可以按照傳統思維稱呼它為廣告片、宣傳片、專題片，長度往往不超過三分鐘，有情節、有內容，而且有趣耐看。

自成立以來，酣客的文創影視基地已經拍攝各類影視題材超三百部，具有豐富的拍攝製作經驗，水準一點也不低於專業的 4A 廣告公司*，成本卻僅為 4A 公司的十分之一。同時，酣客影視基地對外開放，希望能夠為中國白酒行業集體賦能。

今天的新商業現象越來越多，競爭邊界在不斷擴大。我們要不斷增強自己在各個方面的見識與能力，讓企業成為一個綜合、全面、高瞻遠矚的實體，實現自域擴張，才有能力承載真切化的使命，實現價值前瞻。

* 4A（American Association of Advertising Agencies），美國廣告代理商協會。

10 底層重構：由下到上改造經營邏輯

前文提到，企業想要打破所在行業傳統模式的限制，衝破「內捲」的束縛，打造具備差異化的企業經營系統，實現自域擴張是不可或缺的一步。在打造差異化系統的過程中，還有一個關鍵步驟，就是重構企業底層的經營邏輯。

經濟基礎決定上層建築，在企業當中，企業的經營邏輯同樣會對業務、策略等上層建築產生巨大的影響。經營邏輯決定了業務和策略展開的方式，如果業務和策略不匹配，企業開發出來的新業務、制定的新策略可能會因為執行不善而中途夭折。換句話說，如果企業只調整產品類型、業務體系和發展策略，沒有相應地對底層經營邏輯進行調整，那麼新業務和新策略就會因為缺少合適的思維引導而很難成功落實。

如果你想要建構差異化的經營系統，就必須對底層的經營邏輯進行重構，改變經營者的思維，讓其具備承載新系統的能力。說到這兒，有一個案例不得不提。

讓高高在上的歷史博物館也能接地氣

以往，中國故宮在大家心中的形象都是莊嚴肅穆的，那裡沉澱了兩個朝代的歷史文化以及六百年的滄桑巨變。誰又能想到，高高在上的故宮有一天竟然會如此「接地氣」，變成老百姓身邊的一個「網紅」呢？

我有幸聽過幾次單霽翔院長的演講，在他的演講裡總會提到這樣一段有關文物保護的話：「這些文物，當它得不到保護，它就沒有尊嚴，它蓬頭垢面。但是得到保護、得到展示以後，它就光采照人了。所以今天我們一定要叫我們故宮博物院收藏的一百八十六萬兩千六百九十件文物藏品，每一件必須要光采照人。」

在單霽翔剛上任的二〇一二年，故宮對公眾開放的區域只有三〇%，很多地方立著「非開放區，遊客止步」的牌子，九九%的藏品都沉睡在庫房裡。在接下來的幾年中，單霽翔開始大刀闊斧地在故宮進行了改革。

藏品上網

單霽翔選出原本鎖在庫房裡的一百八十多件藏品，分階段一批一批地陸續公布到網上，包括圖片及詳細介紹，所有人在網上都能查到。

為故宮打造ＩＰ

《我在故宮修文物》和《上新了・故宮》是特別為故宮策劃的兩檔節目。這兩檔節目讓更多的老百姓透過鏡頭走進故宮。很快，故宮口紅、故宮睡衣等文創產品以及角樓咖啡、故宮火鍋成了很多人的「新寵」。

科技加持

積極擁抱科技是故宮改革的另一項重要舉措。在單霽翔的主導下，故宮開始運用ＶＲ

技術拍攝宣傳片介紹文物，還推出了自己的 App。

為故宮代言

在任的七年中，為了宣傳故宮，單霽翔上過很多知名的電視節目，比如《魯豫有約》、《朗讀者》、《楊瀾訪談錄》、《國家寶藏》等，而且參加了不計其數的相關會議，進行了近兩千場的講解，成為故宮名副其實的代言人。

就這樣，單霽翔用了七年時間把故宮打造成了一個全國知名的「網紅」。這一點從故宮每一年不斷增加的開放區域就可以看得出來：二〇一四年達到五二%，二〇一五年達到了六〇%，二〇一六年達到了七六%，二〇一九年初已經達到了八〇%。隨著開放區域的增多，來故宮參觀的人數不斷增加，網路上關於故宮的話題也越來越多，很多話題還經常登上微博熱搜。

曾有網友評論說，單霽翔在任的七年，是故宮改革開放的七年。他在這七年中做的事，就是對故宮的底層邏輯進行重構，也正是因為有了這種重構，才讓有六百年歷史的故宮煥發出了嶄新的光采。

底層邏輯的呈現方式，直接決定了上層建築的具體形式，這一點在生活當中也有很多體現。比如，日本的餐飲文化很多都是從古代中國學習得來的，因為他們重新塑造了餐飲文化的底層邏輯，所以日本餐飲並沒有成為中式餐飲，而是成為獨具特色的日式料理。

企業的經營也是一樣，要想破除「內捲」，上層建築要差異化，底層邏輯同樣也要差異化。而且，從構建差異化系統的角度出發，越是重大的變革，對企業的底層邏輯挑戰就越大。如果企業想要實現全面變革，打造與過去截然不同的企業系統，就必須要對底層邏輯進行顛覆和重塑。

改變組織架構的設計邏輯

大多數企業的組織架構是隨著業務的發展逐漸建立起來的，而非企業經營者主動設計出來的。也就是說，很多企業的發展，是落後於業務的。在業務良性、穩步發展的階段，這種組織架構成型的方式看上去沒有問題，因為營收的資料會掩蓋很多經營方面的問題。

到了系統變革期，新業務、新策略急需相應的人才，如果企業沒有合理的部門、職位設置，這些需要落實的工作根本無從下手。想要實現全系統的差異化，推動業務和策略的變革，企業需要改變以往組織架構的思維邏輯，提前將架構調整到合理的狀態，來承載新系統的落實。

二〇一〇年，PC網路的發展進入平台期，行動網路大潮蓄勢待發。作為中國第一批網路企業中的佼佼者，騰訊是最早捕捉到這個趨勢的公司之一。當時，創辦人馬化騰號召員工積極擁抱行動網路。

當時騰訊的員工已經超過三萬，組織架構是業務部門制（BU），部門之間各自為政。儘管馬化騰的口號喊出去了，但是在騰訊內部沒有激起太多水花。

接下來，騰訊是怎麼做的呢？騰訊把原來龐大的業務部門全部切分成數個專案小組，每個小組八個人左右。每個小組都要開發出新的專案，如果專案被市場接受，說明這個小組適合行動網路這塊土壤，那麼就繼續深挖，做大做強；如果開發不出專案，或者專案不被市場接受，那麼小組就有可能面臨解散。

在這種全新的組織模式下，騰訊內部的鬥志越來越高昂，從上到下開始了全員創新，而且創新力度不斷加大，微信正是在這一時期橫空出世的。

雖然現在大多數的企業和已經成為行業頂尖企業的騰訊相比還有很大的差距，但生存在同一個商業社會，面對同一個新商業時代，企業打破「內捲」的需求是相同的。中小企業同樣需要設計新產品、新業務、新策略以構建差異化的系統，同樣也需要對自己的底層邏輯進行重構。

酣客是一家和其他傳統的白酒品牌截然不同的酒企，我們和傳統酒企不同的地方不只是社群化的經營模式，還有組織架構設計的底層邏輯。

傳統的白酒企業通常只會設置四個部門：生產部門、銷售部門、市場部門和人力資源部門。規模更大的企業可能會增加行政部門、研發部門等後台系統部門。酣客除了有這些常規部門，還增加了設計部門。增加設計部門的原因是我在對白酒行業進行深入研究之後發現，在現在的市場上，不是品質突出的產品就能讓消費者滿意，能夠給消費者帶來驚喜的產品才能夠占據使用者的心智。基於這個原因，酣客走上了極致產品主義的發展道路。

正因如此，我才會在酣客的總部建立專門的設計部門，高薪聘請專業人才，甚至不惜花費遠超過行業平均水準的資金投入，採購業內規格最高、環保級別最高、品質最好的包材原料。設計部門的員工給我起了外號叫「包材恐怖分子」，我覺得這是一個褒獎。在我看來，包裝本身就是產品的一部分，一個美觀、優質、環保的包裝，可以在消費者體驗產品之前，最大限度地感受到產品的誠意，增加產品的感知價值。

在新商業時代，無論是哪個行業，企業的未來發展都面臨著巨大的挑戰。如果不及時改變發展方向和發展策略，很快就會在「內捲」中失去繼續成長的動力，最終被市場淘汰。我們必須快速找到一條差異化的發展路徑，在這個過程中，重構組織結構的底層邏輯十分重要。

人才招聘、培訓與運用的整合

業務和策略的調整，需要新組織架構來承載，而新的組織架構則需要專業的人才來填充。換句話說，企業在調整產品、業務和策略的時候，需要根據業務發展的需要重新規劃人才模型，由人力資源部門去招聘或者培養對口的人才。

方法不難理解，實際操作起來卻並不容易。在很多企業當中，人力資源部門和業務部門、職能部門之間是相對割裂的。什麼意思呢？簡單來說就是大家都在自己負責的工作上勤勤懇懇、兢兢業業，很少會考慮到其他部門的需要。

企業是一個整體，部門與部門之間不能通力合作會導致很多問題。其中最典型的，就是缺乏溝通造成的組織運作效率低下。

如果人力資源部門和銷售業務部門之間缺乏溝通，就會出現這樣的情況：人力資源部門按照自己對業務的理解招聘員工，而銷售業務部門需要的是具備另一種能力的員工，這樣一來人力資源部門的招聘工作發揮不了預期的價值，而銷售業務部門也很難吸收到合適的人才來充實團隊，提升銷售業績。長此以往，組織的運轉效率會越來越低，人力資源部門與銷售業務部門之間甚至還會因此產生矛盾，互相推諉，導致企業內部組織崩潰。

從當前的市場形勢來看，企業之間的競爭越來越激烈，除了要面對同類型企業的攻擊，還要分擔其他行業企業跨界而來的炮火。如果企業沒有一個高效的組織，沒有高效的執行團隊，在對抗的過程中，你的陣勢還沒有展開，陣地就已經被競爭對手搶走了，即便產品或者服務本身具備強大的優勢，也來不及展示在消費者面前。

在這種業務部門與職能部門之間的割裂關係下，企業很難獲取合適的、充足的人才來組成更新後的組織架構，更遑論支撐全面變革目標的實現了。而這種割裂關係的存在主要是因為傳統的人才體系構建邏輯存在問題。

人才的培養是一個複雜的過程，首先，我們需要一個合適的能力範本去篩選人才；然後，我們需要針對新員工的能力範本和其將要參與的工作，進行有針對性的培訓，提升他的工作能力；最後，還需要將人才投放到執行團隊當中，透過實踐檢驗他的水準。這只是企業內部單獨某個人才培養的過程，如果針對不同類型的員工同時進行招聘和培養，人力資源部門的工作難度更大。

企業在重新建構了組織架構設計的邏輯之後，還需要對人才體系建構的底層邏輯進行重構。讓各個業務部門與人力資源部門建立緊密的關係，由業務部門根據自己的需要去向人力資源部門提供招聘和培養的人才能力範本，降低人力資源部門工作失誤的概率，讓招聘和培養流程變得更加順暢，同時也能提升組織整體運作的效率。

中國地大物博，幅員遼闊，不同地區產業發展的特點也不同。比如東北是農業發達的地區，電子產業最發達的地方則是廣東地區。因為產業的相對聚集，高水準人才自然也會向相關產業發達的地區流動，招聘的時候也要考慮這些因素。

酣客在中國各地一共有五個總部，而建立這五個總部的目的，除了利用不同城市的優勢因素，還有方便人才招聘這方面的考量。

誠然，對於大多數企業來說，並不需要為了招聘人才專門在某地開設一家分公司。以酣客自身的經驗為例，只是告訴大家一個道理，想要招攬到優秀的人才，必須到相關產業發達的地方去。至於如何把人才從他所在的地區吸引到你所在的地區，那就要看企業的決心了。

從影響力思考擴編

在打造全面變革的過程中，企業有一個非常重要的任務，就是產品的創新。僅有創新是不夠的，獨特的產品雖然能夠在同質化的市場中憑藉自身的特殊性取得追求個性化產品的消費者的青睞，但是當這種創新的產品經過市場驗證之後，其他企業很快就會發現商機，然後快速進入模仿和複製的階段。所以企業還得具備快速擴大生產規模並占據市場份額的能力。

大多數擁有生產業務的傳統企業，在生產力規模擴張的路徑上，更加傾向於循序漸進的發展邏輯。簡單來說就是企業會在原有生產力的基礎上，透過增加流水線的方式提升產品的產量。實際上，這種機械性的成長，需要大量的資金，而資金的原始累積又需要很長的時間。因此，這種傳統的生產力規模擴張邏輯並不適合用來完成全面變革。

到底什麼樣的生產力規模擴張邏輯才是企業需要的呢？在我看來，應該是最簡單粗暴，同時也最直接有效的邏輯。

傳統的白酒生產企業習慣先累積資金，然後組建工廠，從而實現生產力規模擴張。而我們酣客選擇了另外一種擴張邏輯。

酣客產品的獨特性毋庸置疑，再加上我們獨特的社群化經營模式，早在創業階段，就已經跑通了自己的商業模式。接下來更嚴峻的考驗就是擴大生產的問題，雖然酣客走的也是重資本路線，但我們沒有自己建立酒廠，一方面是因為工程建造的時間很長，我們等不起；另一方面是考慮到醬酒產品的特殊性，即便酒廠順利落成，到產品出品依然需要很長時間來完成準備工作，我們同樣等不起。

我們不是把企業做大做強，然後再擴張出去，而是選擇透過收購的方式，直接獲取擴大生產所需的生產力。到二〇二〇年，茅台鎮前十名的酒廠中，我們已經收購了三家。也正是因為我們在短時間內就實現了生產力規模的擴張，很快將產品的影響力輻射了出去，所以才能樹立自己獨特的品牌形象，使得後續出現的仿品無法立足。

其實在前文中我已經提到，現在很多企業之所以會因為同質化競爭而陷入「內捲」，很大程度上是因為產品模仿、複製行為的存在。一個自帶熱點的創新產品進入市場，想要始終保持自己的獨特性，快速擴大規模，占領市場是唯一的途徑。

正因如此，我們沒有選擇傳統的機械擴張邏輯，而是透過更加簡單直接的方式來提升生產力規模。收購自然不是唯一可以在短時間內增加企業生產力的方法，合作、合夥、甚至外包都是可行的方法，關鍵是企業要根據自身產品的特性，選擇合適的方式。

說到這裡，很多人可能會提出一個問題，現在很多企業並沒有生產業務，在這種情況下，企業應該如何確保創新產品可以持續保有獨特性和競爭力呢？其實道理是相通的，只不過重構的邏輯內容不同。有生產業務的企業，快速擴大生產的目的是提升產品的影響力，而沒有生產業務的企業，無須考慮生產的壓力，自然就要直接從影響力規模的角度入手，去重構擴張邏輯。

傳統的銷售型企業，經營過程中，在提升影響力規模的問題上，比較依賴天然累積的口碑和品牌形象。生存在行動網路時代的企業，網路的宣傳和行銷是不可或缺的新管道。

我們以中國二手車兩大平台G平台和R平台為例進行說明。雖然G平台進入這個市場比R平台晚，但是後來居上，成功反超，如今已變成了行業老大。

作為二手車交易平台，其實經營模式非常簡單，就是依靠自身的影響力，吸引更多的賣家，然後透過平台的運作降低商品的價格，吸引更多的買家。只要跑通了這個商業模式，買家的數量達到一定規模，就能吸引更多的賣家，從而形成良性迴圈。

R平台雖然更早進入市場，但一開始沒有選擇快速擴大影響力規模的發展邏輯，反而更想要透過周到的服務和良好的品質來吸引用戶。雖然R平台享受到了行業紅利，但發展的速度並沒有想像中的那麼快。而G平台進入市場之後，二手車消費熱潮方興未艾，再加上鋪天蓋地的廣告和行銷宣傳，很快G平台的影響力就超越了R平台，占據了市場份額，最後實現了逆襲。

廣告宣傳只是擴大企業影響力規模的一種方式，在這裡我要強調的是擴張邏輯的重構。無論企業選擇何種方式，行銷活動也好，節目贊助也罷，目的都應該是在最短的時間內實現自身影響力範圍的最大化擴張。

技術研發邏輯的重構

在打造全面變革的過程中，無論是產品的創新，還是業務和策略的演進，都需要技術在背後支撐。因此，技術研發的邏輯也是企業底層重構中的一個重要內容。

在新商業時代，誰能掌握前沿的技術，誰就能掌握市場先機。今日頭條之所以成為當下最熱門的資訊平台，就是因為掌握了ＡＩ智慧演算法推薦技術；華為之所以能夠成為國際上名列前茅的通信設備供應商及中國手機品牌第一名，同樣也是因為在行動通信技術和手機晶片方面的領先。

為了促進技術水準的提升，華為已經聘請了八百多位科學家，組成了各個領域的研究團隊。這也從側面說明了重構企業技術研發的底層邏輯的必要性。說到這裡，我又想到了一個非常經典的案例。

蘋果公司在一九九三年推出了全世界第一款掌上型電腦「蘋果牛頓」Apple Newton，如圖3-7。這款產品具有觸控螢幕、紅外線、手寫輸入等功能，相當於一個個人電子祕書。

毫無疑問，「牛頓」是一個超前的產品，但是當時的硬體和軟體技術水準普遍不高，限制了這款產品的後繼發展。短短四年之後，其便因在市場上找不到定位而停產。

案例講到這裡，一定會有人提出疑問：這個案例說的不是價值前瞻的事兒嗎？這裡講的是底層重構，跟價值前瞻有什麼關係？沒錯，單從「牛頓」這個產品的失敗上來看，就是蘋果公司當年的步子邁得太快了，典型的因前瞻太快而導致的失敗。我在這裡講這個案例是為了引出下

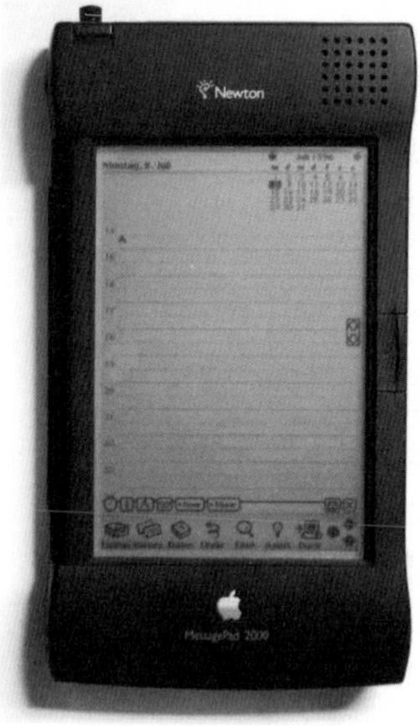

圖 3-7　蘋果牛頓

面的案例，只有把這兩個案例放到一起來講，才更能強化「底層重構」的主題。

相信很多人都曾看過蘋果公司的新品發表會，開發表會是蘋果公司的慣例。在我的記憶當中，印象最深刻的是二〇〇七年蘋果手機的發表會。

當時蘋果執行長賈伯斯（Steve Jobs）對大家說，他要發表三個產品，第一個是帶有觸摸控制的寬屏 iPod，第二個是一個革命性的行動電話，第三個是一個突破性的網路通信工具。然後這三個產品的圖示在大螢幕上開始旋轉，最終旋轉成為一款新產品——iPhone，如圖 3-8。

iPhone 的成功不用我多說了。對比一下「牛頓」和 iPhone，我們可以清晰地看出，「牛頓」之所以失敗，就是因為在價值前瞻之後，全系統沒跟上，也就是底層邏輯構建不完善。而 iPhone 完全不一樣，

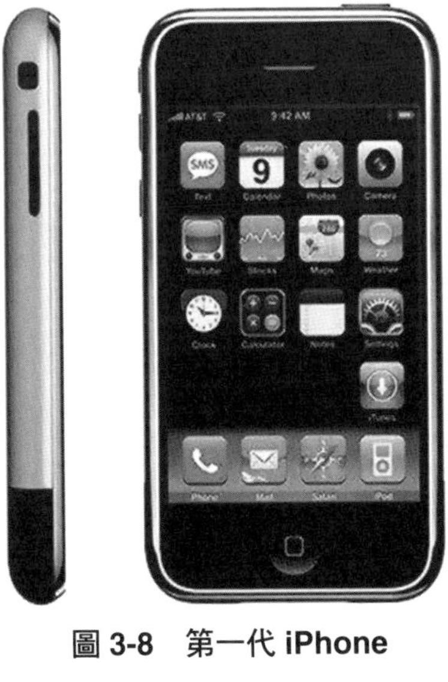

圖 3-8　第一代 iPhone

它徹底顛覆了人們對手機的認知，重建了手機的底層邏輯。它讓手機不再是一個只能接打電話的工具，而是變成了一個可以上網發郵件、聽音樂、享受網路生活的平台。

在很多中小企業看來，自己只是技術的應用者，而不是開發者。其實，按照克里斯汀生教授的顛覆式創新理論來解釋，如果中小企業不進行技術方面的提升，就沒有顛覆式創新，而沒有顛覆式創新，中小企業很難實現對大企業的超越。

有逆襲的理想是好事，而技術研發依然要量力而行，無論對於處在何種發展階段的企業來說，生存都是第一要務。只有先活下來，才能去考慮如何活得更好。

與時俱進，不斷調整商業模式

我們先要對商業模式的概念有一個清晰的了解。所謂「商業模式」，簡單來說就是企業業務經營的形式、狀態，或者說企業業務在市場上的表現形式。

從這個角度來說，即便是兩個相同的業務，在不同的場景下也會形成不同的商業模式。比如，同樣是銷售圖書，你既可以選擇在電商平台上經營網店，也可以線上下開設一家實體書店，還可以上傳電子書到知識付費平台上供用戶付費閱讀。

不過，對於不同類型的商業模式，發展的趨勢和前景也不盡相同。時代在不斷地發展，商業模式也在持續進步，只有符合時代需求、符合消費者認知的新商業模式，才能促進企業成為同類型業務當中的佼佼者。

面對我們所處的瞬息萬變的新商業社會，企業必須重構自己的商業模式構建邏輯，不再拘泥於過去常規的經營方式，而是根據時代變化，不斷調整商業模式，從而確保業務保持活力。

說到重構商業模式構建邏輯，我想到的第一個案例就是阿里巴巴的生鮮零售業務——「盒馬鮮生」。原來說起買生鮮，很多人想到的就是去超市或專門的生鮮市場，現在對於中國一、二線城市的人來說，很多人首先想到的就是去「盒馬鮮生」。

盒馬鮮生是一種重構了線下超市的新零售商業模式，它既是超市，也是餐飲店，還是菜市場。二〇一六年上線後，經過五年的發展，盒馬鮮生的線上滲透率已經超過六〇%，同時線上下也在迅速擴張。截止到二〇二一年二月，盒馬鮮生在全國一、二線城市的門市數量已經超過兩百三十二家，其中成立半年以上的門市都實現了盈利，是中國生鮮新零售行業內唯一已經實現盈利的品牌。

那麼，與傳統商超相比，盒馬鮮生所代表的新商業模式究竟有哪些優勢呢？

另類的數位化體驗

在未來商業領域的發展中，線上線下相結合的模式會逐漸成為主流。其實在很早之前，傳統商超也意識到了這點，於是各家都開始上線App，可是效果都不太理想。線上價格如果低於線下實體價格，必定會影響線下實體的銷售額。可是如果價格上沒有優勢，和對手之間又毫無競爭力可言。在這種毫無變化的基礎上，盒馬鮮生在一、二線城市以一種完全不同於傳統超市的形式出現。其中數位化，是它與眾不同的第一特點。

先來說傳統超市，最無特色也最統一的特點就是收銀台的支付方式，這種支付方式在節假日的高峰時段很容易造成顧客排長隊的情況，結帳的時間可能比挑選商品的時間還要長。為應對這種情況，傳統超市的做法無非是多開設幾個收銀窗口。

那麼盒馬鮮生在這方面是怎麼做的呢？他們讓消費者可以利用盒馬 App 綁定支付寶來進行支付。盒馬 App 並不只是為了提供一個線上的支付功能，它是以 App 為中心，推行 O2O* 的行銷方式，讓使用者下載盒馬 App 並註冊會員。透過這樣一個流程，盒馬鮮生成功地將線下用戶變成了線上用戶。

就這樣，盒馬鮮生憑藉 App 的線上支付功能，不僅走在了傳統超市的前面，同時也實現了培養使用者習慣的目的：在盒馬 App 上進行高頻率消費。另外，盒馬鮮生數位化的體驗在其他細節上也有明顯的體現。

消費者在餐飲區點餐之後，可以在盒馬鮮生裡閒逛打發等待的時間，等到餐點做好時，盒馬 App 會自動提醒。從另一個角度來看，這也是盒馬 App 利用點餐抓住了消費者和盒馬之間線上的接觸點。

盒馬鮮生裡還設置了很多自動販賣機。裡面售賣的商品不僅品類豐富，連付款體驗也很便捷，只需要出示盒馬鮮生 App 裡的付款碼就可以了。另外，使用者還可以透過線上

* Online to offline，線上到線下。

預定的方式購買自己想要的小眾產品，而對於盒馬鮮生來說，這樣就可以根據使用者購買的數量進行定量採購，避免庫存壓力。

盒馬鮮生的每一個商品上面都貼著 App 可識別的條碼。這樣做可以讓消費者和盒馬鮮生雙方都得到很大的實惠。為什麼這麼說呢？當消費者在實體店想要購買某件商品卻不方便帶回時，就可以掃描商品的條碼線上下單，外送員三十分鐘內就能把商品送到家。

品項重組，讓用戶擁有新體驗

在很多一線城市，即便是大型的連鎖超市，在海鮮這一塊也很難做到品項齊全。一般來說，國外不常見的海鮮都是冷凍的，只有國內常見品項才是鮮活的。盒馬鮮生在此基礎上進行反面策略，利用新鮮來吸引用戶。

引進小眾品項

一般太大眾的品項，在一定程度上都不夠吸引人，盒馬鮮生將一些並不太常見的小眾品項引進門市。比如說，帝王蟹在傳統的超市裡很難買到，即使有貨也通常是切割後的冷凍產品，而在盒馬鮮生卻能買到鮮活的帝王蟹。

當我在盒馬鮮生看到鮮活的帝王蟹時，不禁在想：即便因為價格昂貴沒人買，至少對於盒馬鮮生來說話題熱度也夠了。

產品的新鮮度

盒馬鮮生裡不僅產品很新鮮，配送時間也短，從線上下單到配送到家三十分鐘，完全能滿足用戶對生鮮鮮活度的高要求。

海鮮是這樣，蔬菜也是這樣。盒馬鮮生與全國多家合作社、生產基地對接，透過產地直采的方式省去中間商環節，價格比傳統市場、傳統超市便宜，少了一段運輸時間更加保證蔬菜的新鮮度。

包裝靈活

和傳統超市不同，盒馬鮮生的蔬菜包裝以小份量為主，一份大概就是一盤菜的量，這在很大程度上為消費者避免了因買得過多而浪費的問題。

鮮明特色的場景體驗

在傳統超市的線下實體店中，商品的擺放大都中規中矩，雖然整體面積大，但毫無新意。盒馬鮮生採用的則是場景化的擺放方式。什麼叫場景化呢？

你有沒有去過類似集市、夜市這樣的地方？集市會有具體的消費主題，在「吃＋玩」體驗的基礎上創新升級消費者的親身體驗。盒馬鮮生就是在以「逛集市」的概念布局線下實體店。

當顧客進入水產消費區的「吃海鮮」消費主題區域時，可以讓店員幫忙在水產區直接打撈海鮮，讓現場的透明廚房加工成美食直接享用。

除了海鮮，與之相關的啤酒、燒烤也都在「吃海鮮」消費主題裡並存，消費者可以像逛夜市一樣隨點隨吃，消費體驗非常好。

總之盒馬鮮生已經讓大多數用戶產生了固定印象，在這裡不僅能吃得開心，連普通的閒逛都非常有意思。

極速的配送體驗

和傳統超市到店選購、結帳離店的模式不同，盒馬鮮生支援線上下單，然後門市的配送人員會將產品快速配送到消費者家中。盒馬鮮生承諾，三公里內的訂單，保證三十分鐘以內送達。為此，盒馬在經營上採用了店倉合一的模式，有效減少產品調配所需的時間，同時也借助母品牌阿里巴巴強大的物流實力，組建了高效專業的配送團隊和配送系統，保證產品運送的效率。

傳統超市沒有的情感體驗

在大多數人的想法裡，去超市無非就是購買商品，但是盒馬鮮生可以讓消費者體驗到購物之外的樂趣，比如獲得更好的情感體驗。那麼盒馬鮮生是怎麼做的呢？

為了拉近與消費者的距離，盒馬鮮生設計了自己的吉祥物——一隻可愛的小河馬。小河馬以藍色為底色，加了點跳躍、俏皮的紅色，不僅簡約、時尚，而且可愛又國際化。

線上下實體店，這隻藍色的小河馬經常會和消費者進行互動。特別是有推廣活動的時候，活潑的小河馬不僅讓前來的小朋友覺得親切，也讓大人感受到了久違的童趣。就這樣，盒馬鮮生利用這個吉祥物給消費者植入了一種記憶：一想到盒馬鮮生，裡面除了有高品質的生鮮產品，還有很多屬於個人的溫暖記憶。

其實，我們回過頭來看盒馬鮮生的商業模式變化，強調數位化營運、產品，服務多樣化、場景化體驗、快捷的配送體驗、溫暖的情感體驗，這些都是在迎合時代的特點和消費者的需求。

這就是商業模式構建邏輯的應有的特性，相對於企業一直扎根的主營業務來說，商業模式的調整相對容易，卻能夠起到適應市場、充分發揮自身差異性的作用。

11 借助外部思維：從客觀角度打破內部執念

中國作家劉慈欣的科幻著作《三體》中，有一個著名的「黑暗森林法則」：宇宙是一個黑暗森林，每一個文明都是一個帶槍的獵人。如果想要生存下去，就不能被別人發現。如果發現了別的生命，能做的只有開槍消滅對方，可是一開槍就會被別人發現，暴露位置，從而成為別人的「獵物」。

在這座黑暗森林裡，有高等文明，也有低等文明，低等文明要生存，高等文明也要生存。當某一個高等文明想要侵略某個低等文明的時候，低等文明就會利用「黑暗森林法則」來要脅這個高等文明：如果你侵略我，你就會被比你更高級的文明發現，然後同樣遭遇被侵略的命運。

在《三體》中，低等文明就是依靠「黑暗森林法則」來保護自己的，這是對外部思維的利用，也是「反內捲」的一個非常重要的方法。

在之前的內容中，我們曾經說過，無論「內捲」的表現形式如何，歸根結底都是人們自身的思維狹隘、封閉所導致的。如果我們再往深處思考，就會發現，在狹隘和封閉的背後，是內部思維在作祟。

舉個例子，在娛樂圈當中有一種很特殊的現象，明星的粉絲會主動聚合成一個團體，去支持和維護自己的偶像，通常我們把這種現象稱為「飯圈文化」。在平時，「飯圈」當中粉絲們只是積極主動地與偶像互動。可一旦自己喜歡的明星被爆出某些負面新聞，粉絲們就會聞風而動，到各大網路社交平台去支持、維護自己的偶像，甚至會透過惡意打擊、抹黑別人的方式來轉移公眾注意力。即使最後負面新聞得到了官方的證實，粉絲們還是會堅持不懈地去為偶像「洗白」。

這其實就是典型的內部思維，因為你喜歡一個人，覺得他是完美的，所以即便他犯了錯，也不允許任何人說一句壞話，即便錯誤非常嚴重，也是可以原諒的。站在協力廠商的角度來說，犯錯就是犯錯，無論怎麼洗白都無法更改事實。

同樣的道理，當朋友和你談論某種類型的產品時，你會下意識地推薦自己常用或者比較喜歡的品牌。朋友和你的消費水準、消費觀念其實並不一定相同，你能夠接受並且非常喜歡的東西，未必適合對方，也未必是對方喜歡的類型。

無論是工作，還是生活，在內部思維的影響下，我們常常會做出一些錯誤的判斷和選擇。而在錯誤的判斷和選擇的基礎上，我們會在很多無意義的事上耗費大量的時間，最終在「內捲」的旋渦中自我消耗。那麼，我們應該如何打破內部思維的限制，利用外部思維來衝破「內捲」呢？

注意力只集中內部，忽略外部因素

在講解具體的方法之前，我們必須先明確了解人們的內部思維究竟是如何產生的，只有了解問題根源，才有徹底根除的可能。

在我看來，是人類自己的執著導致了思維內化。道理很簡單，人的注意力有限，當我們執著於某件事情，將所有的注意力都集中在這件事情上時，自然會忽略很多外部因素的影響。

很多企業在設計產品和行銷方案時，都是從主觀出發去揣測消費者的喜好和需求。企業的想法，很多時候不能代表廣大消費者的意願。而且，從心理層面來說，產品相當於企業的「孩子」，企業常常只看得到產品好的一面，忽略它存在問題的地方。

舉個例子，在隨身聽出現之前，人們想要聽音樂只能購買磁帶，透過錄放音機播放。錄放音機的體積較大，不方便攜帶，這一點大大限制了人們享受音樂的自由。因此，當既能播放歌曲又能隨身攜帶的隨身聽出現時，雖然價格昂貴，卻依然得到了消費者的青睞。伴隨著這個產品風靡中國的還有一個品牌，那就是索尼（SONY）。

雖然從時間線來看，隨身聽在中國開始流行是在二十世紀九〇年代，但早在一九八〇年，荷蘭的飛利浦公司（Philips）和日本的索尼公司就已經聯合開發出了更優質的音效檔儲存媒體，也就是CD光碟。相對於磁帶來說，CD能夠儲存的音效檔更多，更加耐用，而且音質更好。

雖然CD的優點非常突出，但索尼早期推出的CD隨身聽並沒有得到市場的認可，為什麼？因為在設計產品時，索尼雖然意識到隨身聽產品小型化、輕薄化的未來趨勢，也考慮到了CD這種全新儲存媒體的優勢，但忽略了從外部消費者的角度去思考問題。要知道，磁帶和CD的價格是完全不同的，雖然CD隨身聽有很多優點，但僅憑價格上的劣勢，就足以勸退當時的大多數消費者。

不可否認，CD是比磁帶更優質的儲存媒體，但從產品設計的角度來說，索尼過分執著於自己的技術優勢，忽略了消費者真實的需求，陷入了內部思維的陷阱當中。

執著本身並不是一件壞事，尤其是當我們做出了某種正確但不被公眾認可的選擇時，內心的執著可以讓我們將這種正確的事情堅持做下去。

當初，我的朋友和家人在知道我要創辦一家酒企之後，紛紛提出了反對意見。最後我堅持了自己的想法，才有了今天的酣客。公司成立之後，因為對酒這個行業的熱愛，以及對極致產品的執著，我做了很多「吃力不討好」的事情。

比如，為了追求極致的產品，我們恢復了古法製麴的工藝，降低了產品出品的頻率；為了更好地保護產品，體現產品的價值，我一直要求設計團隊不計成本，使用最好的原料，每一個細節都要做到極致。酣客的這些舉措，在大多數同行眼中都是得不償失的事。降低產品產量，提升生產成本，意味著企業能獲取的收益也會減少。

雖然這些經營道理我都明白，但我對極致產品的執著，不允許我為獲得更多利益而做盲目壓縮成本的事情。也正是因為這種執著，酣客才能夠在盲品評測中超越很多頂尖醬酒品牌。

作為企業的經營者，可以執著，前提是執著的事情必須是正確的。如果過分固執，對某些內容極度看重，可能會失去對事物進行整體判斷的能力。如果在一些錯誤的事情上堅持己見，那麼對於企業或者個人的發展而言，非但沒有積極的促進作用，反而會產生不利的影響，讓企業或者個人在「內捲」的旋渦中越陷越深，無法脫身。

一九九九年，微軟公司憑藉 Windows 作業系統取得了六千多億美元的巔峰市值。

但在那之後的十多年，堅持單一業務線經營模式的微軟一直未能再有突破。雖然巴爾默（Steve Ballmer）從比爾．蓋茨（Bill Gates）手中接過執行長的職位後推出了一些新業務，但他的革新並沒有改變微軟人的執念，這些業務依然是圍繞 Windows 作業系統來設計的。直到二〇一四年，納德拉（Satya Nadella）臨危受命，接替鮑爾默成為微軟的執行長，才開始真正扭轉微軟市值不斷下降的頹勢，幫助微軟重回巔峰。

同樣是業務變革，為什麼巴爾默以失敗收場，納德拉卻能夠取得成功呢？原因很簡單，納德拉上任之後的第一件事就是打破微軟內部員工對 Windows 作業系統的依賴，透過調整微軟的企業文化，成功解放了思想。

對 Windows 系統的執念被打破之後，納德拉將很多和 Windows 作業系統無關的新業務提上了日程，包括之後幫助微軟重回巔峰的雲端運算技術。納德拉的改革實施之後，雖然 Windows 作業系統業務的盈利情況並沒有得到太大的改善，但其他新業務的蓬勃發展幫助微軟實現了二次崛起，到二〇一七年，微軟就已經恢復了當年巔峰時期的六千億美元市值。

其實在現實中，像微軟一樣的公司有很多，可成功透過變革挽救自己的卻少之又少。在過去成功經驗的影響下，經營者會形成某種固定的思維模式，即便外部環境、市場趨勢發生了變化，也很難改變他們的想法。在這種執念的影響下，企業只能一條路走到黑，在「內捲」的困局中越陷越深。

外部思維，有效打破執念

之前在和很多企業經營者溝通時，我發現他們分析企業發展問題、制定發展策略時，總是喜歡從財務報表入手，透過分析資料得出結論。在他們看來，資料是不會說謊的。而實際上，資料雖然不會說謊，但能展示的內容也非常有限。

假設財務報表中顯示企業某種產品的銷量一直不見起色，其背後原因究竟是什麼？是產品本身的品質不好，無法取得市場和消費者的認可？還是這種產品類型已經被市場淘汰，和產品本身品質無關呢？

很顯然，企業的財務報表只能告訴我們公司內部存在某種現象，並不能展現現象背後的原因，無法告知具體哪裡出了問題。如果企業僅根據財務報表分析發展問題，制定發展策略，其結果可想而知，大概率會偏離正確的答案。

更可怕的是，受到內部思維影響的人，很難意識到自己的認知是錯誤的，即便受到能看透本質的「旁觀者」的勸導，也會固執地認為自己是正確的。這也是內部思維容易導致「內捲」的主要原因。

那麼，面對危害如此之大的內部思維，我們應該如何打破執念，衝破「內捲」，實現企業和個人的持續發展呢？方法很簡單，**既然從內部出發容易陷入「內捲」當中，那麼解決之道自然就是從外部入手，透過客觀分析，糾正執念和內部思維**。

其實現在有很多企業已經開始透過外部思維的引領打破了內部思維的限制，取得了不錯的發展成績。比如，傳統零售業的主要經營邏輯是透過擴張線下門市數量實現利益的成長，隨著行動網路時代的到來，社區團購行業飛速崛起，傳統零售行業的發展遭受了前所未有的打擊。

在這種不可逆的潮流和趨勢面前，有的企業選擇了順應潮流變化，透過網路化成功實現轉型。中國京津冀地區知名的連鎖超市品牌W，早在二〇一五年就開發上線了自己的行動端應用——「D點」。消費者可以透過App下單購買產品，門市會安排配送人員送貨上門。W的這次變革，不只順應了行動網路時代市場發展的潮流，同時也借鑒了外賣行業的成功經驗，最終實現了業績提升。

同樣和W一樣開始向線上化和網路化轉變的傳統零售品牌還有很多，尤其是在二〇二〇年冬季，Y、S等傳統的連鎖零售品牌紛紛推出了自己的App。而那些對傳統線下零售模式抱有執念，依然堅持傳統經營邏輯的企業，經營的局限性越來越大，離退出市場也越來越近。

企業作為市場的一分子，自然不能脫離生態而生存。根據外部的市場訊息，我們可以更準確地分析行業的變化趨勢，掌握市場動態，從而改變固有認知，打破內部思維對認知的限制，幫助企業更好、更準確地找到合適的發展路徑。

所謂的外部資訊，不僅指市場發展的趨勢或者時代變遷的方向，其他行業、其他企業的發展經驗或者教訓，同樣也可以作為我們的外部參考資訊。

「年輕人都愛逛」的生活好物集合店M成立於二〇一三年，只用了七年的時間，就成功在紐約證券交易所上市。中國連鎖零售品牌有很多，其中很多都在M之前就進入了市場，為什麼M可以後來居上呢？

經過一系列的研究，我發現該品牌在發展過程中，非常擅長使用外部思維來解決內部問題。比如在發展的初始階段，為了擴大知名度，吸引更多的消費者，M借鑒了很多前輩的成功經驗。

當時在中國，日式簡約風格的產品非常受消費者青睞。M在設計早期店鋪的裝修風格以及選品方面，都借鑒了日本零售品牌的經驗。為此，該品牌的創始人還特意找了日本設計師作為聯合創始人。

之後，在企業發展的過程中，M借鑒了美國最大的連鎖會員制倉儲量販店好市多（Costco）的經營理念，確定了自己「三高三低」的經營模式。所謂「三高三低」，簡單來說就是高效率、高科技、高品質，以及低成本、低毛利、低價格。憑藉極致的性價比，

M一騎絕塵，將很多先行者甩到了身後，贏得了資本市場的青睞，最終取得了七年上市的優秀成績。

除了借鑑成功的經驗，我們還可以從其他企業失敗的案例中吸取教訓。

比如，當前在智慧手機市場上，全螢幕已經成為一種潮流。對於如何實現全螢幕，每家企業都有自己的考量。

目前市場上常見的全螢幕手機有三種：第一種是挖孔式，也就是在螢幕的邊角透過挖孔的方式將鏡頭隱藏於其中，以儘量減少其對螢幕的占用；第二種是水滴式，和挖孔式類似，不同之處在於前者的鏡頭隱藏在中間，而後者是隱藏在手機上端左右兩側；第三種是升降式，用一個可升降的平台來承載手機的鏡頭。除了這三種，還有小米曾經使用磁懸浮滑動式鏡頭，以及最近剛剛面世的屏下隱藏式鏡頭等全螢幕實現方式。

在所有的方法當中，最不被中國手機廠商接受的，就是蘋果最初使用的「瀏海螢幕」模式。當初蘋果在針對 iPhone X 型號的產品進行宣傳時，重點強調了新產品使用了全螢幕技術，引起了消費者廣泛的好奇心。而產品面世之後，卻讓人大失所望，在螢幕上端中部位置居然還有一塊梯形的挖孔，面積大到了影響人們觀看影片內容的程度，成為消費者普遍挖苦的對象。

透過這件事，中國的手機廠商也敏銳地意識到，這種「瀏海螢幕」不符合消費者的審美，因此在後續設計產品的時候，大家非常默契地避開了這種方式。

其實在企業外部，有很多資訊可以幫我們掌握市場的趨勢，找到未來發展的道路。關鍵就在於，你能否意識到外部思維的重要性，接納這些外部思想，並改變自己的思維模式。如果能夠接受外部思維的引領，就有可能成為一個客觀的人；如果還是沉浸在原來的內部思維當中，就依然逃不出「內捲」的宿命。

換位思考，生活更美好

在前面的內容裡，我們講了很多關於內部思維影響企業發展的內容，實際上，在我們的生活中，因為內部思維而導致「內捲」的案例比比皆是。

舉一個直觀的案例，大多數父母都覺得孩子在到達一定年齡之後，結婚生子是必須的。很少有父母願意站在孩子的角度思考現在結婚生子是否適合他們。

就我對身邊很多人到中年的家長朋友的觀察，大多數父母都覺得自己人生經驗豐富，而且普遍願意用自己的經驗來指導孩子的人生，想要讓孩子少走彎路。關鍵的問題是，孩子們生活的現代社會和父母當時成長的環境已大不同。隨著科技的不斷發展，世界正在飛速變化，過去的經驗在如今的時代早已失去了效力。如果父母還是用原來的老傳統、老觀念去束縛孩子，那麼得到的只能是無意義的爭吵。

其實父母如果可以解放自己的思想，放開眼界，去吸收一些外部資訊，就不難發現，所謂的婚姻幸福並不在時間的早晚，倉促的婚姻反而有可能造成不良的影響。就像我們在之前提到的一組資料，在二〇二〇年，國內離婚率高達三九．三三%。如果父母了解了這組資料，還會急迫地催促孩子儘早結婚嗎？我相信即便不是所有的父母，其中的一部分也會放下催婚的念頭。這就是外部思維的作用。

相對於企業經營場景下的借助外部思維，生活場景下引入外部思維會更加容易實現。因為不需要花費大量的時間去蒐集外部資料，也不需要運用縝密的邏輯思維從資料中推導出分析結果，一個簡單的換位思考就足以解決生活中的一些矛盾或者問題。說到這裡，我想到了之前看到的一個故事。

現代成功學大師、勵志書作家拿破崙．希爾（Napoleon Hill）想要為招募一個祕書。作為曾經影響兩代美國人的勵志大師，希爾在美國堪稱家喻戶曉，招聘的資訊一經發布，就得到了廣泛的回應。然而，受限於當時的條件，求職者只能將自己的簡歷以書信方式寄到希爾家中，等待希爾的回覆。

雖然接到了大量的簡歷，但希爾始終沒找到自己需要的人才，因為大多數人的簡歷千篇一律，缺乏新意，不符合他對理想祕書人選的期許。正當他想要放棄這次招聘時，一封遲到的信件引起了他的注意。

信的內容是這麼寫的：「您所刊登的廣告一定會引來成百乃至上千封求職信，我相信您的工作一定特別繁忙，根本沒有足夠的時間認真閱讀。因此，您只需輕輕撥一下這個電話，我很樂意過來幫助您整理信件，以節省您寶貴的時間。您絲毫不必懷疑我的工作能力與品質，因為我已經有十五年的祕書工作經驗。」

這位求職者是個女孩，她沒有像其他人一樣想透過介紹能力和展示決心來打動希爾，而是換位思考，站在希爾的角度，考慮到了他現在正在面臨的問題，並提出了有效的解決方案。女孩的能力毋庸置疑，十五年的工作經驗足以說明很多問題，真正打動希爾並讓她獲得這份工作的，是善於換位思考的思維模式。

後來，希爾在很多場合都和人們分享過這個故事，他說：「懂得換位思考，能真正站在他人立場上看待問題、考慮問題，並能切實幫助他人解決問題，這世界就是你的。」

在生活當中，人與人之間之所以會產生矛盾，發生衝突，最重要的原因就是雙方對同一樣事物的看法不同。在這個時候，如果我們可以換位思考一下，站在別人的角度去看待自己的選擇，或許就能有效解決問題。

內部思維並非一無是處

雖然因為內部思維，很多時候我們的想法會陷入「內捲」的陷阱當中，但內部思維也並非一無是處，在某些場景下還是具有一些積極作用。

從本質上來說，內部思維就是人的主觀意識占據了思維的主導。當我們需要對外界做出客觀、準確判斷時，完全主觀的思維模式會蒙蔽我們的雙眼，讓我們看不清現實和未來，從而陷入「內捲」當中。我們在解決一些特殊問題時，也需要主動關閉客觀、公正的理性思維，用感性主導的內部思維進行處理。

舉個例子，當妻子因某些小事對你生氣時，你需要做的不是跟她客觀地說事實、講道理，更不需要旁徵博引來論證這件事情究竟誰對誰錯，而是等對方冷靜下來之後再繼續溝通。當雙方的氣消了，這件小事也就過去了。

從這個角度來說，內部思維雖然會產生很多問題，卻是解決內部問題的有效途徑。這個原理在企業經營的場景中也同樣適用。

在創業的初始階段，經營者的想法剛剛落實，既缺乏經驗，又缺少資金，自然會遇到各種各樣的阻礙和困境。在這種情況下，相對於思前想後、猶豫不決，企業的經營者更應該充分發揮主觀能動性，快速將業務推進下去。然後再根據市場回饋的結果，衡量商業模式是否存在問題。在這個階段，企業最重要的任務是成功在市場站穩腳跟。思考得越多，引進的外部資訊越複雜，工作進展就越慢。而一定程度上放棄外部因素的影響，單純憑藉經營者內心的理想和勇氣，反而更容易讓企業的發展腳步快起來。

內部思維並不是一無是處，在很多不涉及對錯的問題上，內部思維可以更好地利用人們的感性思維，充分調動主觀能動性，解決很多問題。不過，內部思維容易導致人們陷入「內捲」陷阱的特性依然存在，在利用內部思維的同時，我們也要充分考慮到外部因素的引領作用。

12 手段新穎：避免換湯不換藥，必須耳目一新

為什麼很多企業已經了解到「內捲」浪潮襲來，也明白創新是衝破「內捲」最有效的途徑，可還是不可避免地陷入「內捲」當中了？原因很簡單，就是思維的狹隘與淺薄，他們所認為的創新，和大多數人所認為的創新，並沒有明顯的區別。

這種問題在傳統企業當中尤為常見，雖然大多數始終在傳統行業打拚的企業已經意識到了創新的重要性，但它們的創新普遍不得其法。比如，很多房地產公司雖然在行銷宣傳方面已經做出了一定程度的創新，但仍停留在形式層面，簡單來說就是過去透過地面推廣、發傳單的方式做宣傳，現在是透過在網路平台上發廣告的方式做宣傳，平台雖然更新了，但廣告的內核並沒有發生轉變。這種形式主義的創新，就是「新瓶裝舊酒」。

其實在過去資訊不對稱的時代，「新瓶裝舊酒」是一種有效的創新方法，雖然只是表面的、形式上的創新，但能夠引起消費者的注意。可是現在，透過網路，消費者可以清晰

地了解產品相關的細節，「換湯不換藥」的行銷方式已經無法激發他們的熱情，企業需要更加新鮮的宣傳手段。

接下來，我從產品設計、行銷手段和營運模式三個方面介紹如何利用新鮮化的手段讓傳統企業在新時代掙脫「內捲」，獲得新紅利。

產品設計清新：不要小看任何一顆草莓

想要在行業裡不受「內捲」的影響，最直接的方法就是從以前的向內競爭轉變成向外發展。還是以傳統企業為例，在生產力普遍提升的基礎上，大多數企業都能打造出優質的產品。在這種情況下，傳統企業就應該放棄內部競爭的思路，從外部入手，尋找品質之外企業可以提升產品競爭力的方式。比如，企業可以利用提高產品設計的新鮮化來區別於其他企業的產品；組織年輕團隊，蒐集市場上流行的最新元素或思維，為產品設計出迎合當下市場的附加屬性。

人類是視覺動物，在兩個同樣的產品裡，人們通常會選擇包裝更好看的那一個。就像一塊普通的三角蛋糕上面，如果有一顆恰到好處的草莓，更有可能吸引顧客。由此可見，產品的附加屬性往往可以提升產品整體的價值。

產品的包裝設計

產品包裝也是產品價值的重要組成部分，然而很多企業把注意力都集中在產品設計上。比如大家都想做好醬酒，就都圍繞赤水河的水、紅纓糯高粱等主要原料想辦法，往往忽視了其他附加屬性的價值。

現在市面上的白酒，多以透明玻璃瓶、陶瓷品，甚至塑膠瓶為容器。這種設計不僅讓產品太過單一，還毫無品牌特色可言。而酣客另闢蹊徑，選擇了與其他白酒包裝區別明顯的設計。

二〇二一年一月，在以「奮鬥」為主題的酣客二〇二一新春第一會上，酣客將極具人氣的素面半月壇進行了產品升級，如圖3-9。

這次升級的不只是外觀，半月壇的哲學意義也進一步得到昇華。升級版半月壇的寓意為：一半是空，一半是滿。心空一半，才能承載大象萬千。半月壇藝術醬酒，致敬人生每一半。配有「北斗七星盞」酒具，寓意循著北斗星，找到回家路。

除了升級了半月壇，這次大會上酣客還重磅推出了首款奢侈品醬酒——酣客醬酒經典版，簡稱人臉瓶，如圖3-10。

酣客除了對酒瓶的設計別出心裁，在裝酒瓶的整體包裝上也有突破性的創新。據我所知，現在市面上的大部分酒企都是用類似綢緞的黃色布料和泡沫組合填充產品包裝，可這兩種物料不僅

圖 3-9 酣客升級版半月壇

老套，還不環保。

酣客採用可回收類材料進行包裝上的改革創新。產品包裝涉及的瓶蓋和瓶塞，也全部選用食品接觸級的塑膠製作而成。產品的托架及紙托採用的是生物降解材質。包括我剛才提到的人臉瓶，在瓶蓋、瓶塞以及托架等包材的製造上，使用的也是完全可降解的環保材質。

另外，酣客在設計盛裝酒瓶的木箱時，設計初衷也不是為了單純的包裝，而是想做一個小型的可移動式實木酒窖。這個實木酒窖的原料是含水量低、不易變形的桐木，用它窖藏醬酒，不僅經久耐放，再往裡面放上酒糟之後，還會在木箱內形

圖 3-10　2021 年 1 月酣客推出的人臉瓶

成一個很好的小型微生物生長環境。酒瓶裝在盛有酒糟的木箱裡，消費者拿到之後也能了解到真實的釀酒原料是什麼樣子。

酣客運用新鮮化的手段推出不同於其他同業的包裝，也是受消費者歡迎的原因。

產品的款式設計

除了產品的包裝，產品的款式設計也可以作為手段新穎的切入點。

網紅Z冰棒還原東方美學，利用正流行的「國潮」元素設計出了一款品牌辨識度極高的「中式」冰棒。

Z品牌的冰棒形狀獨特，外觀是非常有特色的瓦片狀和回字紋，如此高的辨識度直接切斷了跟風模仿者的後路，為消費者植入「中式」冰棒引領者等同於Z品牌的記憶。總的來說，Z品牌確實在產品的款式設計上做到了行業創新。

而且，Z品牌一方面利用優質的原料不斷創新，豐富口味，提高產品品質，讓年輕人認可Z品牌的宣傳語「你一出現，此前種種皆屬平凡」，另一方面則不斷透過社交平台推出不同的試吃方式，讓自己的知名度得以迅速擴大。

正是因為Z品牌在款式上不同於一般冰棒，這種充滿新意的創新才能讓它的某一款產品賣出了人民幣六十六元一支的天價。在二〇二〇年的天貓「雙十一」期間，Z品牌的冰棒僅用了一小時，銷售額就突破了人民幣三百萬元，最終在活動當天冰品類目裡的整體銷售額排到了第一位。

產品的口味設計

除了產品的包裝、款式，產品的口味設計也能給企業帶來新的出路。

在近些年的創業者中，我最欣賞的就是知名茶飲X品牌的創始人。從他創建的品牌表現就能看出來，他腦子裡有非常奇特的創意。

多數傳統的奶茶飲料店裡，產品的種類比較單一，除了原味奶茶，就是一些不同口味的果味奶茶。

X品牌的奶茶和傳統奶茶的不同之處就在於，它最開始就以「新」取勝。在到處都是同質化的奶茶品類裡，一杯口味新穎的起司奶茶橫空出世。而且，雖然X品牌一開始就有別於其他人，但是在它之後的穩步發展中，並沒有滿足於此，而是隨著茶飲版圖不斷擴張，店鋪內的產品種類也都跟著不斷更新。

這種別人從沒有過的原創新口味的新鮮化手段，讓X品牌突破了已經「內捲」競爭的奶茶圈子，它自己不僅向外發展，開創了新茶飲時代，還勾起人們的獵奇心理，引領了一股非同凡響的「排隊文化」，成功將消費者的好奇心變為訂單。

行銷手段新穎：真正的改變是顛覆

為什麼說行銷手段很重要？因為在資訊化時代，無論是企業還是個人，獲得資訊的管道數不勝數，各類資訊的交流變得快速且透明，明明只是一分鐘之前發生的事情，在一分鐘之後就已經傳遍了全網。

在資訊傳播速度如此快的時代，企業要打的第一仗就是宣傳，目標是讓別人知道你。有的傳統企業也可能會說：我的行銷手段和別人不一樣，我有自我創新。那我只能這樣來回答：企業在行銷手段上做些簡單的創新很容易，你更應該思考的是如何在簡單創新的基礎上做到突破和顛覆。如今所謂的創新都太常規了，沒有做到真正意義上的新鮮化。

尋找業內前所未有的行銷模式

常規的行銷手段有很多，比如廣告投入、宣傳手冊等，這些可以說毫無新意。那麼，什麼才是新鮮化的行銷手段呢？

說起封測這個詞，大家的第一印象肯定是網路遊戲在開放註冊之前的內部測試，有的人還會想到科創企業在新產品出廠之前進行的封閉測試，我相信絕對沒有人會想到，醬酒產業也是可以進行封測的。

酣客封測，就是我們首創的、能檢驗醬酒品質的一系列步驟，我們用遊戲的方式讓消費者親身體驗酒的品質。最基礎的檢驗步驟現在有六步：拉酒線、看酒花、燒裸體酒、水檢法、看掛杯、驗酒機。

第一步，拉酒線：手握住酒瓶，瓶口對準酒杯，隨著酒液流出穩穩地將酒瓶抬高，這個時候你就能看到一條細細的酒線。只有上乘醬酒的酒線才能拉得又細又長。

第二步，看酒花：隨著拉酒線結束，酒液表面會產生密集泡沫狀的酒花。真正的好酒的酒花齊如豐巢，細如小米。

第三步，燒裸體酒（火檢法）：取一個耐燒的器皿，如燒杯或常見的陶瓷餐盤。把酣客醬酒倒入其中，隨即點燃，等酒充分燃燒之後火也滅了，剩在器皿裡的就是裸體酒。這時看到酒液渾濁，說明這個酒是純糧所做。你再去細細品嘗一下，可以體驗到先酸再澀最後回甘的豐富層次。

第四步，水檢法：往酒杯中倒入與酒同量的白開水，和燒裸體酒一樣，如果酒體混濁，就表示杯裡的是純糧好酒。

第五步，看掛杯：將少量醬酒倒入玻璃杯中，輕輕搖晃，醬酒會在酒杯壁留下酒痕。

第六步，驗酒機：先往冷凝器中加冷水，然後在電熱鍋中倒入醬酒，蓋上蓋子並在出酒口放好容器，按下電源等待一分鐘即可驗出酒的品質。

酣客封測首創的拉酒線能鑒別醬酒的成熟度，看酒花能鑒別醬酒的酯化度，燒裸體酒和水檢法能鑒別是不是純糧酒，看掛杯的酒痕能檢驗醬酒品質，最後的驗酒機用上一百毫升的醬酒蒸餾出五十三毫升的高純度酒，聞著味道讓人感受舒服自然，喝起來也是很清爽、很舒服。除了這幾種，酣客還有聽酒、問風、問手、問酒杯、問舌頭等檢驗方法。

我在這裡簡述的六個基本方法，除了能說明酣客醬酒不怕被檢驗，更多的是想讓讀者知道，**行銷不只宣傳和廣告，還可以透過測試或者遊戲的方式進行**。

不是販賣產品，而是銷售價值

在我看來，說得再多，也不如讓消費者自己親自上手試一試更有說服力。酣客封測就是為了讓消費者自己去體驗品質和口感。他們自己把醬酒仔細「掰開了、揉碎了」試過之後，對於什麼是純糧酒，什麼是化學勾兌酒，也能很清晰地分辨出來了。

透過有價值的行銷方式，得到的真實回饋，才是最客觀的。這就是酣客利用封測創造出來的價值：目的絕對不是吹噓酒有多好，而是想讓你以後自己也能鑒別出醬酒的好壞，不會輕易被劣質酒騙到。

作為企業，在運用新鮮化的行銷手段改變自己時，也不要忘記賦予這種手段價值。比如酣客的封測活動，除了教育市場和行銷宣傳，還有充分的教育意義，參加活動的消費者可以從中學到很多品鑒的知識和技能。

教育市場也可以潤物無聲

想要行銷手段新穎，還可以在教育市場的手段上進行創新。過去傳統企業教育市場，都是去電視台做廣告。只要做了廣告就萬無一失了嗎？就能保證產品有銷量了嗎？也不見得，在二十世紀九〇年代，就有這麼一個很典型的例子。

在一九九五年和一九九六年，白酒品牌Q分別以人民幣六千六百六十六萬元、三億兩千一百二十一萬一千八百元的天價兩次奪得央視黃金檔的廣告標王。

確實，在電視台投放廣告曾一度給該品牌帶來很高的知名度，年銷售額也有明顯的成長。巨額的廣告費同時也給企業造成了嚴重的負擔，特別是在二十世紀九〇年代，一個縣級企業花出去上億元的廣告費，也只是讓噱頭更大了。Q品牌最後破產雖然有其他因素，但是不能否認，投入天價的廣告費卻沒有收回成本也是加速破產的關鍵原因之一。

後來，服裝品牌H和保健品品牌N也加入黃金時段滾動播放廣告之列，同樣也是花出去了上億元的廣告費，而巨額廣告費帶動的銷量卻不盡如人意。到了數位化時代，年輕人早就不看電視了，靠電視廣告做宣傳的行銷手段已經過時了。

如果企業拿年收益的五〇%或更多投在廣告上，那對於這家企業來說就有一個很大的弊端：時間跨度大，投資額度也大。在新的時代，我們需要的是更新鮮的行銷手段。

如今，各種支付方式已經滲透人們的日常生活和工作中，當初為了讓使用者接受手機支付的方式，各大平台都付出了很多努力。比如，Z平台就設計出了一種非常有效且有趣的行銷手段，那就是購物紅包。

如果消費者結帳的時候使用Z平台的信貸產品來支付，可以隨機獲得幾塊錢、十幾塊錢的抵扣紅包。支付紅包的金額會逐次遞減，直到最後沒有優惠。可是這個時候使用者已經和這款信貸產品產生了黏著度，他們習慣了使用這款產品，因此即便最後使用者不再享受抵扣紅包了，也已經轉化為忠實用戶了。

沒有鋪天蓋地的宣傳，也沒有轟轟烈烈的行銷活動，憑藉這種額度不高，卻能夠悄悄改變人們消費習慣的手段，Z平台的信貸產品成功占領了使用者的心智。受到Z平台的啟發，之後很多企業在教育市場的時候都採用了贈送紅包的方式，效果也都非常不錯。

嶄新的營運模式：找到突破點才能真無敵

隨著行動網路時代的到來，新商業時代也如期而至。面對「唯一不變的就是變化」的市場環境，如果傳統企業還是一成不變，繼續在原有行業裡埋頭深耕，為行業的「內捲」提供養分，很快就會在同質化競爭的旋渦中越陷越深，最終很有可能被市場拋棄。

面對全新的時代，傳統企業應該做些什麼呢？在我看來，我們應該使用新鮮化的手段抓住一個能突破自我的點，要讓企業能透過這個突破點和新時代碰撞。這個碰撞，不僅要迸發最大價值的火花，還要能衝破整個行業、甚至是整個社會的「內捲」。

那麼問題來了，企業要抓住的這個突破點究竟是什麼呢？是產品設計和行銷手段嗎？是，也不是，產品和行銷可以成為企業在新時代破局出圈的關鍵因素，前提是你的營運模式可以提前新鮮化，足以支撐新產品和新行銷方案的落實。

貝佐斯（Jeff Bezos）在亞馬遜創立初期，想把亞馬遜定位成「地球上最大的書店」並為此投入了大量的資金。好在經過兩年的虧損之後，亞馬遜很快扭虧為盈，成功實現了上市。

到了一九九七年，亞馬遜透過版圖擴張，已經在線上零售方面有了絕對優勢，成為「地球上最大的書店」。之後，亞馬遜透過發展品類再次擴張，到了二〇二〇年，亞馬遜已經不僅是「地球上最大的書店」，更是成為全球「最大的零售商」，貝佐斯也因此成為「世界首富」。

那麼，亞馬遜是如何從「地球上最大的書店」搖身一變，成為「地球上最大的零售商」的呢？答案在於亞馬遜的營運模式中有一個更新鮮的手段。

二〇〇三年，蘋果推出了iTunes音樂商店，消費者可以直接從線上商店中購買音樂產品。蘋果此舉對整個影音書籍市場產生了巨大影響，一上線便引起轟動。貝佐斯從蘋果公司的成功中受到啟發，意識到內容數位化浪潮已經到來，於是著手準備自己的電子書閱讀器。

二〇〇七年亞馬遜推出了第一代電子閱讀器 Kindle，雖然使用方便，但價格昂貴。為了成功將電子閱讀器銷售出去，貝佐斯想到了一個巧妙的方法，就是透過低價售書的方式，吸引消費者購買電子閱讀器。當時市面上的電子書價格在十幾美元到幾十美元不等，亞馬遜透過集中購買的方式，從發行商處獲得一定折扣，以十四．九九美元的價格購買電子書，然後以更低的價格——九．九九美元——銷售給 Kindle 用戶。考慮到電子書的便利性和超低價格，很多用戶下單購買亞馬遜的電子閱讀器。

以降低相關產品價格的方式帶動價格更高的配套產品的銷量，這樣全新的電商平台營運模式讓亞馬遜在電子閱讀器上賺得盆滿缽滿，同時也讓貝佐斯看到了亞馬遜銷售其他類型產品的可能性。之後，亞馬遜的經營範圍不斷擴大，除了圖書，家具、數位產品、食品、樂器、首飾、美妝、廚具、服裝等相當廣的領域，亞馬遜都有所涉足。現在，亞馬遜已經成為世界上最大的電子商務公司。

一個新鮮化的營運模式對於企業來說，等同於一條非常規的發展路徑，當你走上一條和同類型企業完全不同的道路時，「內捲」自然而然就會被打破。

網路時代過去了，移動網路時代已經到來，現在的企業又該如何實現營運模式的新鮮化呢？從我個人的經驗來講，我覺得可以從社群的角度入手。那麼，社群對企業的營運有哪些全新的價值和意義？社群的營運模式新鮮在哪裡呢？這就要從社群的特質說起了。

成本最低、效率最高的行銷模式

要問現在什麼最流行？有人會說：「當然是X茶啊，排隊排那麼久才能喝到一杯起司奶蓋。」也有的人會說：「一杯飲料有什麼了不起，蘋果手機出新品的時候才最流行，有大批的果粉會通宵排在蘋果門市門前。」

在我看來，他們說的都對，但是都沒有抓到重點。X茶和蘋果手機為什麼會這麼流行，是因為飲料的口味太好？還是最新版的蘋果手機太有誘惑力呢？其實，最關鍵的原因是它們擁有一群忠誠的粉絲，而且數量龐大。小米正是依靠粉絲而成功崛起的品牌，「粉絲經濟」正是由小米而來。

因為粉絲而成功的企業數不勝數，無論是蘋果、小米，還是X茶，或者其他異軍突起的新興品牌，都有一個共同的特點，那就是他們的早期發展都沒有走傳統的廣告模式。為什麼不做廣告？因為社群本身就是一種成本最低、效率最高的行銷模式，社群有粉絲。

酣客的很多事如果放到傳統的白酒企業，可能要花費一大筆成本，但是在社群模式下，很可能一分錢不用花就可以達到預期的效果。

社群，是最低成本的管道

之所以會說社群是最低成本的管道，是因為這個群體裡的人都有一個共同目標。社群不是靠打廣告吸引消費者的，只是因為大家有一個共同目標，就這麼聚集到一起了。這種低成本的管道組成方式，哪家創業企業會不想要呢？

化解行銷困境的綠洲和黑海

在經濟學中，藍海代表未知的市場空間，紅海代表競爭激烈的市場。那麼，黑海代表的是什麼呢？**黑海就是只有你一個人，唯你獨存，而社群就是黑海**。簡單來說，社群模式無孔不入，其他的人給公司打工都是為了利益，而給社群工作的人都是基於熱愛，基於價值觀。社群裡的人信奉的是忠誠信仰、統一思想、統一行動。

對於沒有流量的網站，沒有顧客的企業，該怎麼辦？你要找到屬於你的價值觀，並且找到一群跟你擁有同樣價值觀的人，然後設定一個目標，再找一群跟你目標一樣的人，透過創新進行社群化創業。

說到這裡，關於解決「內捲」的六種方法已經全部講解完畢，為了加深理解，我們再回顧一下之前的內容。

量身打造使命，就是人不要追求虛偽目標和虛假三觀，不要給自己洗腦；價值前瞻，就是只有你的使命真切，你才能真正關心顧客，關心他人，關心孩子，從而比別人看得更遠；全面變革，就是要跳出原來的舒適圈，進行自域擴張，搭建你的新基礎，新基底，新結構；底層重構，強調的是只有重構底層邏輯，才能支撐全面變革的落地；借助外部思維，才能打破執念；手段新穎，側重的是在新時代要開發新思維，新手段。

「反內捲」的六個方法，從經濟到文化都有涉足，具體應該實踐哪些方法，如何解決自己遇到的問題，需要大家將知識融會貫通之後，自己去領悟。

第 **4** 章

從小我到大我，從競爭到賽局

「內捲」的本質是外利有限、狹窄競爭。大多數內部競爭的真實情況是，誰都無法獲得更多的利益，卻爭得你死我活，因此我們要進行「反內捲」。那麼「反內捲」的核心要義，或者它的哲學要義是什麼呢？我把它總結成一句話：從小我到大我，從競爭到賽局。

13 競爭只會「內捲」，賽局才能雙贏

從小我到大我，強調的是思維上的轉換，從狹隘走向開放。從競爭到賽局，是讓我們重新認識競爭，現階段的市場競爭，更多的應該是一種賽局。

在現實中，有不少經營者會把競爭與賽局看作同一事物，實際上兩者之間存在很大的差異。所謂「競爭」，是一種「你死我活」的關係，處於競爭關係的企業，都想要打敗所有的對手，實現自己獨占整個市場的期望。這是現階段市場上大多數企業對待競爭對手的態度。

然而發展階段相近、體量相似的企業之間的競爭，除非一方出現致命失誤，否則很難在短時間內分出勝負。為了打敗自己的競爭對手，企業不得不進行長期的對抗性投入，即便最後能夠取得競爭的勝利，也是「傷敵一千，自損八百」。在行業內部，一切以排除異己為目的的競爭，最終都會以兩敗俱傷的形式收尾，而「內捲」也正因如此，才會頻繁地

在一些熱門行業當中出現。

雖然「賽局」也有競爭的意味，但賽局的目的並不是置競爭對手於死地，而是為自己找到一條更好的發展路徑。也就是說，雖然競爭對手依然存在，但你要做的不是去打敗他們，而是想方設法走出適合自己、同時又和競爭對手完全不同的發展路徑。

相對於行業內部盲目且無序的競爭而言，從自身出發尋找獨特的出路，避開激烈競爭的賽局思維，能夠更加有效地避免陷入「內捲」。

目光短淺，以自我為中心

現在大多數的企業，從創業階段開始就面臨無處不在的競爭，它們不僅要想方設法地超越行業內發展更快的同行，還要防備後起之秀趕超自己。長此以往，越來越多的經營者把競爭看作一種習以為常的事情，他們都覺得站在自己的立場上，為了維護自己的利益，去打壓、對抗其他企業，是正確的事情。正是因為這種認知才導致「內捲」日益猖獗。

我們回顧「囚徒困境」這個例子，從任何角度來說，兩人同時選擇抵賴都是最佳的選擇，最終的結果卻是兩名罪犯同時招供。因為我們作為局外人，從全盤角度出發，能夠看到最佳的結果。而身為當事人，兩名犯罪嫌疑人則是從自身利益的角度考慮，在他們看來，若是對方提前招供，那麼自己必然會被判處更長的刑期；如果自己率先坦白，有可能會被無罪釋放；無論是為了趨利，還是避害，都應該選擇提前招供，而不是堅持抵賴。這種選擇看似對自己有利，最終的結果是兩人同時獲刑八年。

我講這些是想要說明，當認知受限，考慮問題只能考慮到自身的時候，即便能夠根據自己認知的方向制定合適的策略並有效地執行，得到的結果往往也不盡如人意。

「囚徒困境」其實體現了「賽局論」當中的一個重要內容——「納許均衡」（Nash Equilibrium）。這個理論以提出者、美國著名經濟學家小約翰·福布斯·納許（John Forbes Nash Jr.）的名字命名。納許博士因為提出了「納許均衡」理論，對經濟學和賽局論做出了重要貢獻，而被授予諾貝爾經濟學獎。

所謂「納許均衡」，指的是在賽局過程中，無論對方的策略選擇如何，當事一方都會選擇某個確定的策略（支配性策略）；如果任意一位參與者在其他所有參與者策略確定的情況下，其選擇的策略是最優的，那麼這個組合就被定義為納許均衡。這種學術的解讀過於生澀，簡單來說就是在競爭關係當中，存在一組讓所有競爭者都能利益最大化的策略組合，這個組合就滿足了「納許均衡」。

比如，在「囚徒困境」這個案例中，「納許均衡」就是兩個犯罪嫌疑人同時抵賴的情況。當雙方或多方之間的競爭可以維持納許均衡狀態時，處於競爭關係的所有人都能利益最大化。

然而在現實當中，作為競爭的參與者，在制定策略時，我們往往是從自身的利益出發。目光短淺和以自我為中心，使得現實當中的競爭者極少能夠達到「納許均衡」的狀態，反而會因為利益衝突，行業內部的競爭越來越激烈，最終陷入「內捲」當中。

中國人口眾多，市場廣闊，每一個行業背後都是巨大的市場當量，企業沒有必要為了獨占某個市場瘋狂地與同行競爭。開放眼界，關注競爭對手，制定能有效避開競爭的目標和策略，反而更容易實現持續、穩定的發展。

為什麼我要強調企業或者個人應該改變狹隘思想，從小我到大我，從競爭到賽局？原因很簡單，競爭的最終目的是「你死我活」，而賽局的最終目的是實現均衡的發展，不論是對於企業自身來說，還是從行業、社會的發展角度來看，賽局顯然是比競爭更合適的發展模式。

理性賽局，合作共贏

「他強由他強，清風拂山崗。他橫由他橫，明月照大江。他自狠來他自惡，我自一口真氣足。」這是金庸在《倚天屠龍記》中對張無忌習練的內功心法《九陽真經》的描述。這就是典型的賽局思維，不去和別人的優勢競爭，而是堅持用自己的優勢，走出獨特道路。

在現實生活當中，有很多雖然雙方存在競爭關係，但透過理性的賽局，最終實現共贏的案例。

比如在汽車製造領域，大家公認的一對競爭對手就是賓士和BMW。兩者之間的競爭由來已久，在外界看來雙方應該是「你死我活」、「水深火熱」的關係，實際上這兩個品牌的關係，更類似於網路上流行的「相愛相殺」。

二〇一九年五月，原中國賓士總裁蔡澈卸任之際，收到了長久以來的競爭對手BMW的祝福。

二〇一六年，BMW創立一百週年，賓士發布了一張祝福海報，上面寫著一行大字：「感謝一百年來的競爭。」這行大字不是重點，重點是下面的一行小字：「沒有你的那三十年其實感覺很無聊。」眾所周知，賓士比BMW早成立了三十年。隨後，BMW車迷製作了一張海報予以回應，上面寫道：「君生我未生，我生君已老。」

作為兩個歷史悠久的汽車品牌，一百多年以來，BMW和賓士相互競爭，但所有的競爭行為，都是「發乎情，止乎禮」。賓士一直堅持自己的尊貴定位，而BMW也始終秉持讓駕駛更有樂趣的使命，雙方在自己的細分領域發光發熱，雖然存在品牌層面的賽局，但從來沒有為了打敗對方、占據對方的市場份額而發起惡意競爭。

在理性的賽局下，賓士和BMW這兩個品牌非但沒有因為競爭而陷入「內捲」，兩敗俱傷，反而攜手共進，實現了互利共贏。這就是賽局思維和競爭思維本質上的差異。

可口可樂和百事可樂也是這樣一組賽局的對手。成立更早的可口可樂因為手中有正統可樂汽水的配方，所以一直以正宗口味作為發展路徑；百事可樂作為後起之秀，更關注年輕消費群體，選擇用更新穎的口味和宣傳來吸引年輕消費者。兩個品牌有各自的管道，各自的特點，雖然同為可樂產品，不可避免地會被人拿來對比，雙方之間也存在一些競爭關係，但始終保持在理性賽局的範圍內，各自深耕自己的分眾領域，沒有過多盲目的競爭。

說到底，**賽局最大的價值，就是消滅了所謂的勝負，沒有了勝負，共生就成了必然的結果，合作共贏自然也會順理成章地實現。**

14 從小我到大我：夾縫生存，實現逆襲

提起漢堡炸雞連鎖品牌，多數人想到的是K品牌或M品牌，這兩個品牌進入中國市場已經幾十年，而且發展得還不錯，在消費者心中擁有一定的「江湖地位」。然而，能夠被稱為中國漢堡炸雞連鎖「第一」品牌的不是K品牌，也不是M品牌，而是H品牌。

看到這裡，或許很多人會表示疑問和不解：H品牌是誰，為什麼它能打敗K品牌和M品牌？如果你就是這樣想的，只能說明你對這個行業的了解太少，或者你不了解三、四線城市的下沉市場。我來告訴你一組資料：截至二〇二〇年年底，K品牌在中國的門市數量為七千一百多家，M品牌為三千五百多家，H品牌的門市數量超過了一萬五千家。也就是說，在中國市場，H品牌的門市數量比K品牌和M品牌的總和還要多。

H品牌成立於二〇〇〇年，是實打實的本土企業。二〇〇一年，H品牌的第一家餐廳正式開始營業。當時中國速食連鎖市場被K品牌和M品牌這兩大巨頭牢牢占據，那麼H品

牌是如何在「夾縫」中順利存活，繼而實現逆襲，後來居上的呢？

H品牌的制勝原因在於品牌定位。H品牌走的是「草根路線」，採用的競爭策略是「農村包圍城市」，加盟的方式更是區別於其他大品牌，就這樣三管齊下，走出了一條與眾不同的擴張之路。

市場下沉，以平價策略脫穎而出

無論何時何地，低價格且品質尚可的商品對於消費者來說都有著巨大的誘惑力，而草根定位的H品牌走的正是物美價廉這條路。

其實一開始，H品牌並沒有參透這個道理，剛開始它基本上是照搬K品牌的經營模式。但模仿者即便模仿得再像，也很難超越原創。因此，H品牌發展得非常吃力，不但擴張速度慢，而且銷售業績始終不太理想。

為了解決發展的問題，H品牌仔細分析了K品牌的經營模式，發現對方的優勢在於高品質的產品和優質的服務，而這一切都是靠提高成本帶來的。明白了這一點之後，H品牌很快重新擬定了發展策略，不再過分強調產品的品質和特色服務，而是選擇以平價策略來破局。

在這種新策略的指導下，「一二三套餐」（一元可樂、二元雞腿、三元漢堡）成為H品牌早期的主打產品，這個套餐推出後，一時間店門口排起長隊，營業額成倍成長，這一策略的成功也堅定了H品牌走性價比速食之路的決心。憑藉與K品牌、M品牌完全不同的定位和策略，H品牌成功避開了激烈的競爭，在市場上站穩了腳跟。

採用環繞策略，從區域做出差異

當K品牌、M品牌在一、二線城市競爭的時候，H品牌採用「農村包圍城市」的環繞策略挺進三、四、五線城市的下沉市場，並依靠性價比策略迅速形成規模。H品牌之所以選擇三、四線城市的下沉市場，主要有三個原因：首先，一、二線城市是K品牌和M品牌的天下，它們已經在那裡深耕多年，品牌形象深入人心，新品牌想要在「夾縫」中生存，非常不易；其次，一、二線城市的消費水準和收入水準普遍較高，低價策略在這裡未必有效；最後，一、二線城市開店的成本太高，也不適合擴張。

相比之下，對於、H品牌來說，三四線城市的吸引力和競爭優勢更加明顯，因此，趁K品牌和M品牌還沒進駐之前，H品牌迅速占領了這一市場。雖然K品牌和M品牌也陸續進駐了二、三線城市，但是H品牌當初在選店址的時候，就避開了人流量最大的黃金街道，店面也以中小型為主，因此，即使身處同一市場區位，H品牌與K品牌、M品牌這些大品牌之間的利益衝突也並不激烈，雙方之間的賽局相對理性。

獨特的加盟模式：門市募資、員工合夥、直營管理

說到H品牌的成功，除了上面提到的定位和策略精準，還有一個很重要的原因，就是以加盟方式走出了一條獨創之路。開始踏上連鎖擴張征程的時候，在一番「跑馬圈地」之

後H品牌發現，加盟店的存活率非常低。經過分析和研究，H品牌開創了「門市募資、員工合夥、直營管理」的合作連鎖模式。

簡單來說，就是H品牌透過門市募資的方式將股份下放給員工或者其他外部合作者，這樣既激發了員工的工作熱情又留住了關鍵人才。H品牌提供技術、原料、物流、品牌輸出等支持，透過直營管理確保了門市經營標準的統一，配合門市募資，優勢互補，實現雙向持股的深層次合夥。H品牌依靠這種加盟模式很快實現了迅速擴張，二〇〇六年它還僅有兩百家，到了二〇一四年便已經擁有四千八百多家門市，再到了二〇一八年，門市數量已經破萬，二〇二〇年已經超過一萬五千家。

在實現了「百城萬店」的目標之後，H品牌又有了一個更大的夢想，那就是做一個創業平台，幫助更多小餐飲品牌實現迅速發展，並定下了新目標——計畫孵化一百個品牌，每個品牌做一千家店。

這一計畫是從H品牌的大本營福州起步的，很多小餐飲品牌從中受益，其中較典型的案例就是某比薩連鎖品牌。在H品牌幫助下，這家比薩連鎖品牌新增了兩百多家門市。

從獨創的加盟模式，到打造創業平台，H品牌再一次走上了和同行完全不同的發展道路。這種巧妙的賽局策略，避開了行業頭部的優勢區位，充分發揮了自身的優勢。其實H品牌的創始人在創建品牌之初，並沒有多大目標，也沒想過要成為行業巨頭，沒想到一步一步踏實地走過來，不斷積蓄能量，最終成了細分領域的冠軍。

說到這裡，我想到了另一個曾經很火的炸雞漢堡連鎖品牌——D品牌。H品牌剛創建的時候曾一度被D品牌逼進了「死胡同」。按道理來說，作為比H品牌早進入市場五年的D品牌，也曾風光無限，為什麼最後逆襲K品牌和M品牌的不是它，而是H品牌呢？

這就關係到本章的主題了，競爭與賽局。D品牌進軍速食行業的時候，對標的正是行業大佬K品牌。無論是門市選址，還是產品價格，基本在向K品牌看齊。然而，K品牌在此之前已經教育市場多年，品牌形象早已深入人心，可以毫不誇張地說，絕大多數人的速食習慣正是K品牌和M品牌培養起來的。所以D品牌的正面競爭並未取得預期效果。

反過來看H品牌，它不在一、二線城市跟大品牌爭，而是好好布局下沉市場，專心做「平價漢堡」，踏踏實實地一家店一家店擴張。從這個角度來看，D品牌奉行的是競爭策略，H品牌奉行的是賽局策略。競爭是要比對手更強大，否則勝出無望，賽局卻可以另闢蹊徑，避開競爭，與先行者和平共處，共謀發展。

15 從競爭到賽局：有效避開競爭，默默崛起

二〇二一年年初，中國三家新茶飲品牌都在緊鑼密鼓地進行融資、估值。這三個品牌分別是X品牌、N品牌和B品牌。其中，X品牌就是前面提過的在口味設計上做得非常出色的那一家。

在看到這個消息時，我很意外，我原來一直認為，在新茶飲這個行業內，無論是從知名度還是企業規模上來說，風頭正勁、排名比較靠前的兩個品牌就是X品牌和N品牌，而且這兩個品牌一直是行業內比較高調的存在，得到資本助力之後，兩者之間的競爭更是從未間斷。

相對來說，我對B品牌並不熟悉，只是知道而已。沒想到看上去沒沒無聞的B品牌異軍突起。

相關資料顯示，截止到二〇二一年二月，X品牌已經完成了五輪融資，估值達人民幣

兩百五十億元；N品牌也經過了C輪融資，估值達人民幣一百三十億元；B品牌剛在二〇二一年一月中旬完成首輪融資，然而估值已經超過了N品牌，達到了人民幣兩百億元。

三家新茶飲即將公開募股（IPO）的消息一經傳出，很多人都把目光對準了B品牌。很多人跟我之前的想法是一樣的，認為X品牌和N品牌才是旗鼓相當的對手，B品牌能夠在這兩大行業頭部虎視眈眈下成功突圍，確實很令人意外。

利用賽局思維，做到「無競爭對手」

喝奶茶已經成為這一代中國年輕人的時尚，「靠奶茶續命」是很多九〇後、〇〇後的口頭禪，他們也因此成為新茶飲的主力消費軍。為了能夠喝上一口心儀的奶茶，很多年輕人可以花兩、三個小時來排隊。甚至在有些二、三線城市更是催生了一個新職業——奶茶代購。由此可見，奶茶在這個時代是多麼火爆。

我曾親眼見到，一家X品牌新店開業的時候，店門外排起了長長的隊伍。不得不說，

X品牌和N品牌在中國一、二線城市的年輕人心中的江湖地位無人能及，而它們廣受歡迎自然有其成功的原因和路徑。

X品牌的成功，最重要的一點是堅持新產品的研發。當初入局時，X品牌依靠的就是市場上從未出現過的兩款茶飲：起司茶和奶蓋茶。在接下來的發展中，X品牌放大了在原創茶飲方面的投入，在不斷研究和推出新品的同時，也在原料供應方面下足了功夫。一方面積極與眾多國際知名品牌進行原料合作，另一方面布局有機茶園，同時還自建了草莓基地，就是為了能夠把最新鮮、最健康的原料掌控在手中。

N品牌的發展路徑跟X品牌相差不大，在商業模式上卻有著自己的特色。N品牌的用戶畫像比X品牌更精準，重點客群是二十到三十五歲的都市女性。為了迎合這一客群，N品牌打造的是「一杯好茶＋一口軟歐包」的經營理念，也就是說，在這裡不僅可以喝到高品質的奶茶，還能吃到香甜可口的軟歐包，這種產品策略一下子就擊中了都市白領的心。

然而，在這兩大品牌成功的背後也存在著一個很大的問題，那就是價格太高。這兩個品牌主打的都是高端消費市場，一杯茶飲的價格在人民幣三十元左右，其中一些旗艦產品的價格甚至更高。對於大城市的年輕人來說這不算什麼，可是在很多三、四線城市，花人民幣三十元買一杯奶茶對很多人來說是奢侈的事。

在這樣的背景下，一個茶飲品牌利用低價策略突出重圍，它就是被稱為奶茶界「拼多多」的B品牌。其實說起品牌歷史，B品牌絕對是「老前輩」，這個品牌早在十幾年前就創立了，是賣霜淇淋起家，後來才慢慢開始做茶飲。

雖然主攻的是下沉市場，但是B品牌也在努力透過創新在提高產品品質的同時把價格做到更低。從二〇一二年開始，B品牌組建了自己的中央工廠和研發中心，後來也實現了自產核心原料。

隨著品牌效應日益壯大以及門市數量快速擴張，B品牌不再局限於將門市開設在三、四線城市。令我沒想到的是，在一線城市開設眾多門市之後，它那招牌的十元以下茶飲竟然也廣受好評。看來，就算是突圍到了一線城市，擁有極致性價比的B品牌也吸引了大批的消費者。

回顧B品牌的崛起之路，我明白了為什麼這樣一家優質的品牌過去沒有被更多人關注到，因為它的崛起非常順利，沒有遇到激烈的競爭，也沒有遇到太多的阻礙，就這麼一步步穩固又高效地發展起來了。

而B品牌之所以能夠有效避開競爭，很大程度上是憑藉著和市面上成名的奶茶品牌截然不同的定位。在同一領域，即便你投入再多的研發資本，也很難快速打敗它們，反而有可能因為觸碰了對方的利益而招致激烈的競爭，最終被底蘊深厚的頭部企業淘汰出局。

B品牌非常巧妙地利用了賽局思維，透過下沉市場和高性價比產品的特殊定位避開了同行深耕的領域，從而規避了競爭，實現了快速崛起。

錯位競爭策略，造就品牌的成功

茶飲市場的流行，讓眾多茶飲品牌都在飛速擴張。截止到二〇二〇年年底，X品牌在全球六十一個城市擁有六百九十五家門市；同年，N品牌也遍布了全球七十個城市，擁有近五百家門市。B品牌截止到二〇一九年年底，營收已高達人民幣六十五億元，其門市數量在二〇二〇年的六月就實現了一萬家的年度目標。

二〇一七年，X品牌創始人曾對媒體表過態：「我們絕不做加盟。」幾年過去了，按

X品牌門市的擴張速度來說，他們確實嚴格採用直營模式將X品牌文化傳遞下去。和X品牌一樣，N品牌在創立之初也確定了不加盟的政策。

針對這一點，B品牌卻反其道而行。早在二〇〇七年也就是品牌創立的第十年，B品牌就已經確定要走「直營＋加盟」的路線了。這一決策使得它在未來「誤打誤撞」地打贏了一場與茶飲雙巨頭的錯位競爭，迅速占領了中國龐大的下沉市場。

其實B品牌才是真正的營運高手，看似沒沒無聞，卻一直在用「直營＋加盟」的形式，先在數量上慢慢規模化，然後門市逐漸密集化，最後品牌效應漸熱化，如今以一招「農村包圍城市」的策略讓自己在一線城市也廣受好評。

在變幻莫測的時代背景下，對於個人和企業來說，想要在同一個環境或同一個行業裡獲得新生，就不能一門心思困在一個圈子裡想出路，這樣只能深陷在「內捲」中。我們必須要開闢出一條新路，另闢蹊徑尋求更好的發展，想辦法把餅做大。即便為了達到這個目的會把自身打破、讓企業重組，也不能放棄。要實現這一目標的方法就是，從小我變成大我，從競爭變成賽局。

事物的發展都有自己的規律，「內捲」是個人、企業乃至整個社會發展都無法避免的，我們正在或主動或被動地經歷著「內捲」。雖然「內捲」的危害巨大，但如果不經歷，就無法破局而出，無法進入更高的發展階段。

危機往往與機遇並存，當「內捲」的危機影響每個人，每個行業的良性發展時，同時也是實現跨越式成長的最好時機。面對這個「內捲」的時代，我們要做的就是重新梳理自己擁有的，然後用賽局的思維改變自己的認知，重塑自己的使命、價值觀及發展方向與模式。

無論在邏輯層面，還是方法上，所謂的「反內捲」就是在重做。**人們常說「時勢造英雄」，在這個「內捲」的時代，其實是「英雄造時勢」**。率先打破「內捲」的僵局，才能找到一條通往未來的全新跑道。

翻轉學 翻轉學系列 082

內捲效應

為什麼追求進步，反而讓個人窮忙、企業惡性競爭、政府內耗？

反內卷：破除无效竞争的 6 大方法

作者 王為
封面設計 FE 工作室
內文排版 黃雅芬
行銷企劃 陳豫萱
校對 許景理
出版二部總編輯 林俊安

出版者 采實文化事業股份有限公司
業務發行 張世明．林踏欣．林坤蓉．王貞玉
國際版權 林冠妤．鄒欣穎
印務採購 曾玉霞
會計行政 王雅蕙．李韶婉．簡佩鈺
法律顧問 第一國際法律事務所 余淑杏律師
電子信箱 acme@acmebook.com.tw
采實官網 www.acmebook.com.tw
采實臉書 www.facebook.com/acmebook01

ISBN 978-986-507-764-8
定價 360 元
初版一刷 2022 年 4 月
劃撥帳號 50148859
劃撥戶名 采實文化事業股份有限公司
104 台北市中山區南京東路二段 95 號 9 樓
電話：(02)2511-9798 傳真：(02)2571-3298

國家圖書館出版品預行編目資料

內捲效應：為什麼追求進步，反而讓個人窮忙、企業惡性競爭、政府內耗？/ 王為著 .– 台北市：采實文化，2022.4
240 面；14.8×21 公分 .--（翻轉學系列；82）
譯自：反內卷：破除无效竞争的 6 大方法
ISBN 978-986-507-764-8（平裝）
1.CST: 組織管理 2.CST: 企業競爭
494.2 111002274

本書台灣繁體版由四川一覽文化傳播廣告有限公司代理，經机械工业出版社授權出版
文化部部版臺陸字第 111025 號，許可期間為 111 年 3 月 4 日至 115 年 12 月 1 日止。

采實出版集團
ACME PUBLISHING GROUP

廣	告	回	信
台北郵局登記證			
台北廣字第03720號			
免	貼	郵	票

采實文化 采實文化事業股份有限公司

104台北市中山區南京東路二段95號9樓

采實文化讀者服務部　收

讀者服務專線：02-2511-9798

ANTI-INVOLUTION

內捲效應

為什麼追求進步，
反而讓個人窮忙、企業惡性競爭、政府內耗？

王為──著

翻轉學

翻轉學系列專用回函

系列：翻轉學系列082
書名：**內捲效應**

讀者資料（本資料只供出版社內部建檔及寄送必要書訊使用）：

1. 姓名：
2. 性別：☐男 ☐女
3. 出生年月日：民國　　年　　月　　日（年齡：　　歲）
4. 教育程度：☐大學以上 ☐大學 ☐專科 ☐高中（職） ☐國中 ☐國小以下（含國小）
5. 聯絡地址：
6. 聯絡電話：
7. 電子郵件信箱：
8. 是否願意收到出版物相關資料：☐願意 ☐不願意

購書資訊：

1. 您在哪裡購買本書？☐金石堂 ☐誠品 ☐何嘉仁 ☐博客來
   ☐墊腳石 ☐其他：____________________（請寫書店名稱）
2. 購買本書日期是？______年______月______日
3. 您從哪裡得到這本書的相關訊息？☐報紙廣告 ☐雜誌 ☐電視 ☐廣播 ☐親朋好友告知
   ☐逛書店看到 ☐別人送的 ☐網路上看到
4. 什麼原因讓你購買本書？☐喜歡商業類書籍 ☐被書名吸引才買的 ☐封面吸引人
   ☐內容好 ☐其他：______________________________（請寫原因）
5. 看過書以後，您覺得本書的內容：☐很好 ☐普通 ☐差強人意 ☐應再加強 ☐不夠充實
   ☐很差 ☐令人失望
6. 對這本書的整體包裝設計，您覺得：☐都很好 ☐封面吸引人，但內頁編排有待加強
   ☐封面不夠吸引人，內頁編排很棒 ☐封面和內頁編排都有待加強 ☐封面和內頁編排都很差

寫下您對本書及出版社的建議：

1. 您最喜歡本書的特點：☐實用簡單 ☐包裝設計 ☐內容充實
2. 關於商業領域的訊息，您還想知道的有哪些？

____

____

3. 您對書中所傳達的內容，有沒有不清楚的地方？

____

____

4. 未來，您還希望我們出版哪一方面的書籍？

____

____

翻轉學

翻轉學